时代心理·大师名作

Our Inner Conflicts

我们内心的
冲　突

[德]卡伦·霍尼（Karen Horney） | 著

张鳅元 | 译

全 国 百 佳 图 书 出 版 单 位
时代出版传媒股份有限公司
安 徽 人 民 出 版 社

图书在版编目(CIP)数据

我们内心的冲突/(德)卡伦·霍尼著;张鳅元译.－－ 合肥 : 安徽人民出版社,2021.5

ISBN 978－7－212－10849－6

Ⅰ.①我… Ⅱ.①卡… ②张… Ⅲ.①精神分析 Ⅳ.①B84－065

中国版本图书馆 CIP 数据核字(2021)第 040553 号

我们内心的冲突

Women Neixin De Chongtu

[德]卡伦·霍尼 著　　张鳅元 译

出 版 人:陈宝红　　　责任印制:董　亮　　　责任校对:张　旻
责任编辑:郑世彦　程　璇　　　　　　　　　装帧设计:宋文岚　赵　梁

出版发行:时代出版传媒股份有限公司 http://www.press-mart.com
　　　　　安徽人民出版社 http://www.ahpeople.com
地　　址:合肥市政务文化新区翡翠路 1118 号出版传媒广场八楼
邮　　编:230071
电　　话:0551－63533258　0551－63533292(传真)
印　　刷:合肥现代印务有限公司

开本:710mm×1010mm　　1/16　　印张:15.5　　字数:188 千
版次:2021 年 5 月第 1 版　　2021 年 5 月第 1 次印刷

ISBN 978－7－212－10849－6　　　定价:45.00 元

推荐序

数穷廊落，困于历室。往登玉堂，与尧侑食。

——《易林·大壮之升》

霍尼的中国热，起源于改革开放之后的思想解放运动。

弗洛伊德、尼采、萨特，是那个时候的大学生必读。年轻的学子们，迫不及待地到学校的图书馆里，翻出尘封已久的精神分析各位老古董作家的著作，废寝忘食地阅读和翻译。

在弗洛伊德热销后，紧接着的就是荣格、阿德勒的热销，然后就轮到了霍尼、弗洛姆、马尔库塞。

一直到很久以后，不少知识分子在讲述精神分析历史，甚至讲述哲学历史的时候，霍尼和弗洛姆，还是被排在弗洛伊德、荣格、阿德勒的后面，成为精神分析名正言顺的第二代传人。

看了欧美同行当代的历史书，我们才发现，原来临床精神分析的第二代应该是克莱因、温尼科特等人；哲学那边，应该大书特书的人是拉康。而认为自己是唯一正统的国际精神分析师协会的培训，就是不忘提醒各位医生们——千万不要把精神分析玩成哲学喔，我们是科学，不是哲学。那谁谁谁，他不是精神分析师。霍尼有段时间就名列谁谁谁之中。但是,现在她又回归了精神分析大家庭,甚至在我们深圳,还开办了霍尼精神分析研究院,培养中国精神分析师。

在新旧世纪交替之际,霍尼的著作在中国出版界沉寂了一段时间,然后在徐光兴教授主持下,在 2009 年前后又出版了一批,尤其是翻译了她的《女性心理学》。

从那时候到今天,她的著作零零都有重版和重新翻译。Horney 这个名字,除了翻译为"霍尼"以外,还有翻译为比较女性化的"霍妮",以及比较古雅的"霍尔奈"。

下面列出她的著作列表,已经翻译的,会标明中文名称。

Karen Horney. *The Neurotic Personality of our Time*. W. W. Norton & Copany,1937.(中文版《我们时代的神经症人格》)

Karen Horney. *New Ways in Psychoanalysis*,W. W. Norton & Company,1939.(中文版《精神分析新法》)

Karen Horney. *Self-analysis*,W.W. Norton & Company,1942.(中文版《自我分析》)

Karen Horney. *Our Inner Conflicts*,W.W. Norton & Company,1945.(中文版《我们内心的冲突》)

Karen Horney. *Are You Considering Psychoanalysis*? W. W. Norton & Company,1946.

Karen Horney. *Neurosis and Human Growth*,W.W. Norton & Company:New York,1950.(中文版《神经症与人的成长》)

Karen Horney. *Feminine Psychology*(*reprints*),W. W. Norton & Company,1960.(中文版《女性心理学》)

Karen Horney. *The Collected Works of Karen Horney*(2

vols.）, W.W. Norton & Company,1950.

Karen Horney. *The Adolescent Diaries of Karen Horney*, Basic Books：New York,1980.

Karen Horney. *The Therapeutic Process：Essays and Lectures*, ed. Bernard J. Paris Yale University Press, New Haven, 1999.

Karen Horney. *The Unknown Karen Horney：Essays on Gender, Culture, and Psychoanalysis*, ed. Bernard J. Paris. Yale University Press, New Haven,2000.

Karen Horney. *Final Lectures*, ed. Douglas H. Ingram. W. W. Norton & Company,1991.

从这里我们不难看出一个"霍尼"怪相。一方面,霍尼的著作几乎所有都是面对精神分析师写的,而当霍尼流行的时候,中国几乎还没有国际认证的精神分析师,直到如今,也并不多。换句话说,如果霍尼是个外科医生,外行们正在津津有味地阅读外科医生写给其他医生看的书。另一方面,霍尼唯一一本写给大众看的书,*Are You Considering Psychoanalysis*?,相反却没有被翻译。

个中原因,其一是20世纪80年代的大多数人,对知识处于一种如饥似渴的状态;其二是因为霍尼本人写作的风格,比较通俗易懂,贴近大众的理解;其三,也是最重要的,是霍尼论述的主题既贴近时代精神,又没有巴结时代趣味,而是力图在时代精神的基础上有所拔高,有所引领,促使一个人的人格真正完善。

霍尼晚年和日本的佛教界有比较密切的往来。在霍尼之后的继承者中,大多对佛教尤其是禅宗颇有好感,认为禅宗是修通内心冲突的一个好方法。(Morvay,1999; Demartion,1991)时至今日,我们也能看到,佛教界也引入了精神分析和临床心理学的理念,比如一行禅师的内在小孩闭关训练。(一行著,汪桥译,2014)

这也是我国临床心理界目前的一个方向,就是和佛教结合、对话比较多,究其根本,今天的这些风云人物,或多或少都受到当年那波思想的洗礼。

李孟潮,精神科医师,个人执业

参考文献

一行.与自己和解:治愈你内心的内在小孩[M].汪桥,译.郑州:河南文艺出版社,2014.

郭永玉.霍妮的社会文化神经症理论及其历史地位[J].医学与哲学,1996,017(005):259—261.(注:霍妮即霍尼)

Morvay, Z..(1999). Horney, zen, and the real self: theoretical and historical connections. *The American Journal of Psychoanalysis*, 59(1):25—35.

Demartino, R. J..(1991). Karen horney, daisetz t. suzuki, and zen buddhism. *The American Journal of Psychoanalysis*, 51(3):267—283.

序　言

　　本书是为了推动精神分析的发展而写。它的创作基于我对患者和自我分析的经验总结。虽然本书提出的理论经过了长期发展，但直到我在美国精神分析研究所举办系列讲座，有些观点才最终成形。我的第一讲从技术层面展开，题目是"精神分析的技术问题"（1943）。第二讲在1944年以"人格的整合"为题开讲，包括了本书讨论的许多问题，其中一些主题，如"精神分析治疗中的人格整合""有关回避的心理学""施虐倾向的意义"，曾在纽约医学院和精神分析促进协会做过报告。

　　我希望本书对读者有所帮助，特别是对那些打算发展精神分析理论和治疗的分析师。我希望，他们不仅将这里提出的想法应用到患者身上，而且也将它们应用于自己身上。精神分析的发展并非一日之功，只有将我们自己和各种困难都包括进来，从中汲取经验，才能有所进步。如果我们安于现状、不思进取，我们的理论必然会变得枯燥，沦为教条。

　　然而，我相信任何一本书，只要不是只谈技术问题或抽象的心理学理论，就应该能使人获益，尤其是那些想要了解自我的人，没有放弃为自身成长而努力的人。我们大多数人都无法逃脱现代文明的弊病，深陷本书所描述的内心冲突，需要获得尽可能多的帮助。尽管治疗严重的神经症属于专家的工作，但我仍然相信，通过持续的努力，很多时候我们也可以解决自己内心的冲突。

在此，我首先要感谢我的患者们，与他们一起开展治疗工作，使我对神经症有了更好的理解。其次，我要感谢我的同事们，他们的关心和理解使我的工作受到莫大的鼓舞；我指的不仅是那些年长的同事，还有那些在研究所接受培训的年轻同事，他们的批判性意见使我备受启发。

此外，我还想感谢精神分析领域之外的三位朋友，他们以各自的方式为我的工作提供了支持。第一位是阿尔文·约翰逊（Alvin Johnson）博士，他让我有机会在社会研究新学院阐述自己的观点，而在当时，学界唯一所认可的分析理论和实践学派是经典的弗洛伊德精神分析学。第二位要感谢的是社会研究新学院哲学和人文学院院长克拉拉·迈耶尔（Clara Mayer）。长期以来，她对我的工作一直兴趣十足，并鼓励我分享心理分析工作中的任何发现，以供大家讨论。第三位是出版人诺顿（W. W. Norton）先生，他给我提了许多有用的建议，让我的作品有了很大改观。除了他们之外，我还要感谢米内特·库恩（Minette Kuhn），他使我能够更好地组织书中的材料，更清晰地阐述自己的观点。

卡伦·霍尼

目　录

我们内心的冲突

我
们
内
心
的
冲
突

导论 一种乐观的神经症理论

我相信，人是可以改变的，只要活着，就在不断地改变。

无论从哪里开始,无论路途多么曲折,我们最终都会得出结论:性格问题是产生精神疾病的根源。这个结论与其他的心理学发现几乎一致:它确实只能算是重新发现而已。古往今来,诗人和哲学家都知道,患有精神障碍的人,不可能是一个内心平静、人格稳定的人,相反,他是一个饱受内心冲突和折磨的人。用今天的术语来说,每一种神经症,无论其症状如何表现,都是性格方面的神经症。因此,无论在理论领域还是实践领域,我们都应该努力理解神经症的性格结构。

实际上,弗洛伊德伟大的开创性工作与这一观点已经非常接近,尽管他的起源学(genetic)方法没能让他做出明确的表述。但是,其他人对弗洛伊德工作的继承和发展,使这一观点的表述变得更加清晰,尤其是弗朗茨·亚历山大(Franz Alexander)、奥托·兰克(Otto Rank)、威廉·赖希(Wilhelm Reich)和哈拉尔德·舒尔茨—亨克(Harald Schultz-Hencke)等人。然而,对于性格结构的精确性和动态性,他们还没有形成一致的看法。

神经症的文化因素

我个人的出发点与他们略有不同。弗洛伊德关于女性心理的假设，促使我去思考文化因素的作用。例如，我们关于阳刚和阴柔的观点，显然受到了文化因素的影响。在我看来，弗洛伊德之所以得出错误的结论，显而易见，是因为他没有考虑文化因素。15年来，我对这一主题的兴趣日益增长。这在某种程度上源于我与弗洛姆（Erich Fromm）的合作。弗洛姆对社会学和精神分析的深刻理解，使我清晰地认识到社会因素的重要性，后者不仅影响了女性心理，还影响到许多其他方面。1932年，我初到美国，这一想法就得到了证实。当时我发现，美国人的处世态度和神经症的表现，在很多方面都不同于我在欧洲所观察到的，而只有文化差异才能解释这个现象。最终，我把这个结论写进了《我们时代的神经症人格》一书，其中最主要的观点是：神经症是由文化因素引起的，更确切地说，是由人际关系的紊乱造成的。

在写《我们时代的神经症人格》之前，我一直遵循着另一条研究路线，它在逻辑上依照早期的假设。它所围绕的问题是，神经症的驱动力是什么。弗洛伊德最先指出，这种驱动力是一种强迫性的冲动。他认为，这些冲动出于本能，为的是追求满足，避免挫折。因此，在他看来，这些冲动并不仅限于神经症患者，而是出现在所有人身上。然而，如果说神经症源于人际关系的紊乱，那么，这个假设就站不住脚了。简单地说，我对这个问题的看法是：强迫性的冲动是神经症所特有的；它们源于患者的孤独、无助、恐惧或敌意等情绪，代表了患者在这些情绪笼罩之下应对外界的方式；它们的主要目标不是为了满足，而是为了安全感;它们的强迫性源自背后潜藏的焦虑。在《我们时代的神经症人格》中,我详细地阐述了其中两种驱动力——对爱和权力的神经质需求。

尽管那时的我认可弗洛伊德的基本理论,但我还是意识到,为了更好地理解神经症,我与弗洛伊德实际上已经逐渐分道而行。如果弗洛伊德所认为的许多具有本能性质的元素,实际上是由文化因素决定的,如果他所谓的性欲,实际上是一种对爱的神经质需求,是由焦虑引起的,其目的是在人际关系中获得安全感,那么,他的"力比多"理论也就难以成立了。童年经历固然很重要,但我们对它的影响应该有新的看法。这样,其他理论上的分歧也不可避免地出现了。因此,我很有必要阐述自己与弗洛伊德观点的异同。这一澄清的结果便是,我出版了《精神分析新法》一书。

神经症的性格结构

与此同时,我仍在继续探索神经症背后的驱动力。我把强迫性冲动称为神经症倾向,并在下一本书中描述了 10 种相关倾向。这使我再次认识到,对神经症的性格结构的研究才是重点。当时,我把这种结构看作一个宏观世界,由许多微观世界相互作用而形成,而每个微观世界的核心就是一种神经症倾向。这一神经症理论非常有实用价值。如果精神分析不再着重于我们当前的困扰与过去经历之间的关系,而是努力理解我们目前人格中各种力量之间的相互作用,那么几乎不需要专家的帮助,我们也可以认识并改变自己。鉴于目前人们对心理治疗的迫切需求,但心理医生又实在太少,自我分析似乎有望满足这一需求。

因为那本书主要讨论的是自我分析的可能性、局限性和方法,所以我把它命名为《自我分析》。

然而,我并不满足于描述个体的神经症倾向。虽然这些倾向本身得到了准确的描述,但我困惑不解的是:如果只是简单地把它们罗列出来,是否显得有些零散孤立?我可以看出,个体对爱的神经质需求、强迫性的谦逊,以及对"伴侣"的需要,其实是属于一体的。但我当时未能理解的是,这些倾向整体代表了患者对自己和他人的基本态度,代表了一种特定的生活哲学。个体的这些倾向,其实就是我所总结的"亲近人"这一类型的核心。我还发现,对权力和名誉的强迫性渴求与神经质野心有着共同之处。它们大致构成了我所说的"对抗人"这一类型。不过,对赞美的需要及对完美的追求,尽管都具备神经症倾向的特征,并且影响患者的人际关系,但似乎主要还是涉及患者与自己的关系。此外,对利用别人的需求(施虐倾向),似乎没有对爱或权力的需求那么基本,也没有后者那么广泛,它似乎来自某个更大的整体,而不是一个独立的实体。

冲突在神经症中的作用

我的质疑后来被证明是合理的。接下来的几年,我的兴趣是研究冲突在神经症中的作用。在《我们时代的神经症人格》一书中,我曾提出,神经症是因不同的神经症倾向相互冲突而产生的。在《自我分析》一书中,我也说过,不同的神经症倾向不仅相互强化,而且还会产生冲突。尽管如此,冲突并没有得到足够重视。弗洛伊德虽然意识到了内心冲突的重要性,但他认为冲突是受压抑者和压抑者两股力量的斗争。而在我眼中,冲突则是另外一回事。这些冲突,运行在矛盾的神经症倾向之间,虽然最初只涉及患者对他人的矛盾态度,但最终它们会影响患者对自己的矛盾态度,以及患者矛盾的品性和矛盾的价值观。

逐渐深入地观察,让我明白了这些冲突的含义。最让我感到惊讶的是,患者对他们内心如此明显的矛盾熟视无睹。当我向他们指出这些矛盾时,他们变得含糊其辞,似乎对此毫无兴趣。这样反复几次之后,我意识到,他们是在用回避表达反感,不想让分析师解决这些矛盾。最终,患者突然意识到冲突后又表现出惶恐不安,这让我看到了分析工作的艰难。患者有很好的理由回避这些冲突:他们害怕这些力量会让自己彻底崩溃。

然后,我开始认识到,患者为了"解决"这些冲突,更确切地说,为了否认冲突的存在,耗费了巨大的精力和智力,他想制造出一种虚假的和谐。我发现,患者解决这些冲突的主要尝试有四种,在本书中出现的顺序如下:

第一种是尝试掩盖一部分冲突,并使其对立面占主导地位。第二种是尝试"回避人"。现在,我们对神经质回避的功能有了新的认识。这种回避是基本冲突的一部分,是一种对待他人的原始矛盾态度,但它同时也代表了一种解决冲突的努力,因为在自我和他人之间保持情感距离可以阻断冲突。

第三种尝试在性质上有很大不同。神经症患者不是回避别人,而是回避自己。在某种程度上,他的整个现实自我对他而言是不真实的,他创造了一个理想化的自我形象来取代真实自我。在这个理想化的形象中,相互冲突的部分被美化了,冲突不再表现为冲突,而像是一个人格中的各个方面。这一概念有助于我们澄清许多神经症难题,而在此之前,它们无法被理解并因此得到治疗。它也使我们可以正确地定位最初难以融合的两种神经症倾向。现在看来,对完美的追求,似乎就是患者为了实现这一理想化形象而做出的努力;而对赞美的渴求,可以看作患者需要外界来肯定他和理想化形象是一致的。从逻辑上讲,理想化形象与现实的差距越大,患者的需求就越难以满足。在所有解决冲突的尝试中,理想化形象的作用可能是最重要的,因为它对患者的整个人格产生了深刻影响。但反过来,理想化形象又会使患者内心产生新的裂痕,因此需要进一步的修补。

第四种尝试——外化,主要就是为了消除这一裂痕,尽管它也会顺便消除其他的冲突。通过所谓的外化,患者把他的内心活动放在外部事件中进行体验。如果说理想化形象意味着与真实自我仅有一步之遥,外化则代表了患者与真实自我的彻底叛离。外化再次制造了新的冲突,或者更确切地说,它极大地增强了原有的冲突,即自我和外界之间的冲突。

以上几种做法,我称之为患者解决冲突的四种主要尝试。一方面是因为它们似乎在所有神经症中都起作用——尽管程度有所不同;另一方面是因为它们对患者人格造成了深刻影响。但是,解决冲突绝非只有这四种方法。其他不那么普遍的方法包括以下几种策略:要求绝对正确,主要功能是消除内心所有的疑虑;严格的自我控制,通过绝对意志维系被撕裂的个体;还有玩世不恭,贬低一切事物的价值,以此消除现实与理想之间的冲突。

与此同时,我还逐渐看清了这些未被解决的冲突造成的后果。我看到了由此产生的各种恐惧、被浪费的精力、不可避免的道德受损,以及由于复杂的纠缠而产生的绝望感。

在理解了神经症绝望的含义之后,我才最终明白了施虐倾向的意义。现在我知道,一个对自己深深绝望的人,会企图通过一种替代性的生活获得补偿，而这正是有施虐倾向的患者的诉求。在施虐行为中，我们经常观察到极端的情绪，这是因为一个人对报复性胜利的无限渴求。由此我开始明白，对破坏性利用的需求，实际上不是一种独立的神经症倾向，而是一个更复杂的整体在不遗余力地展现自己。我们还没有更好的术语来定义这种行为，暂且称之为施虐狂。

一种乐观的神经症理论

这样一来，一种新的神经症理论逐渐形成了，它的动力核心是三种态度——亲近人、对抗人、回避人——之间的基本冲突。由于患者非常害怕自己分裂，他必须作为一个整体发挥功能，于是便不顾一切地尝试解决冲突。尽管他可以制造出一种虚假的平衡，但是新的冲突不断出现，并不断要求进一步的补救。在这场追求完整性的斗争中，每走一步都使神经症患者变得更具敌意，更绝望，更恐惧，更疏远自己和他人。最后的结果便是，这些冲突造成越来越多的困境，真正的解决办法却越来越少。患者最后会走向绝望，试图在施虐行为中寻求补偿，而这反过来又会增加他的绝望，产生新的冲突。

这样看来，这幅关于神经症发展及其产生的性格结构的图景，显得有些黯然无光。既然如此，我为什么把这个理论称为建设性的理论呢？首先，这个理论终结了不切实际的乐观主义，即宣称神经症可以通过简单的方式来"治愈"。当然，这一理论也远离了不切实际的悲观主义。我称其为建设性的，主要是因为它第一次让我们感到神经症患者的绝望有解决的可能性。尽管认识到神经症纠结的严重性，但它仍然提出了积极的看法，这不仅有助于缓和潜在的冲突,而且有助于真正解决冲突,使人格的真正整合能够实现。神经症冲突是无法通过理性决策来解决的。靠理性决策来解决神经症冲突的尝试,不仅是徒劳的,还可能是有害的。但是,我们可以改变人格中产生这些冲突的条件,以此来解决问题。每一次成功的心理分析,都会改变这些人格条件,因为分析可以使患者的状态大为改观,使他感到不那么无助,不那么恐惧,不那么敌对,不那么疏远自己或别人。

弗洛伊德对神经症及其治疗持悲观态度,主要是因为他在根本上不相信人性本善,也不相信人类成长的潜能。在他看来,人类注定是要遭受苦难,或者要被毁灭的。他认为,对于驱使人类行动的本能,只能在一定程度上被控制,或者最多只能被"升华"。而在我看来,一个人有意愿并且也有能力去发展他的潜能,成为一个更优秀的人。但是,如果这个人与自己及他人的关系不断受到干扰,他的这种潜能就会被阻碍,以至于无法发挥出来。不过我相信,人是可以改变的,只要活着,就在不断地改变。而且,随着理解的不断加深,我对此越发坚信不疑。

第一部分

神经症冲突和解决的尝试

第一章 神经症冲突的痛苦

我们越是勇于面对内心的冲突，越是努力寻求解决之道，就越能获得更多的自由和更强的力量。只有愿意承受生活的打击才可能成为命运的主宰。那种根植于内心愚钝的虚假平静，根本不值得羡慕。它只会让我们变得软弱，最终不堪一击。

正常人内心的冲突

首先我要声明,并不是只有神经症患者的内心才有冲突。任何一个人的愿望、兴趣和信念,都不免会与周围的其他人发生冲撞。所以,就像我们经常与周围环境发生冲突一样,我们的内心冲突也是生活中必然存在的一部分。

动物的行为多半是由本能决定的。从某种程度上讲,它们交配、抚养后代、寻食和抵御危险等都是先天的,并不需要个体的决策。相比之下,人类可以有所选择,也必须做出选择。这既是人类的权利,也是人类的重负。我们经常不得不在两种欲望之间做出选择:比如,我们既想独处,又想有人陪伴;既想学医,又想学音乐。或者,我们的愿望和义务之间也会发生冲突。比如,我们希望与爱人享受专属的亲密时光,但恰巧有人需要我们的帮助。我们还可能既想与别人保持一致,但又想表达自己的意见。最后,我们还可能在两种信念之间摇摆不定。比如,我们明白战时理应挺身报国，但又认为自己有责任照顾好家庭。

这些冲突的类型、范围和强度，在很大程度上依赖于我们所处的社会文明。如果这种文明状态稳定且恪守传统，那么可选择的种类就是有限的，个体产生冲突的范围也必然有限。但即便如此，冲突仍然存在。对某个人的忠诚可能妨碍对另一个人的忠诚，个人的欲望也可能违背对集体的义务。但是，如果社会文明处于快速变化的转型期，矛盾的价值观和迥异的生活方式同时存在，那么个体必然面对多种多样的选择，并且难以抉择。例如，他可以随波逐流，也可以我行我素；他可以结伴而居，也可以归隐山林；他可以追求成功，也可以淡泊名利；他可以对孩子严加管教，也可以让他们自由成长；他可以相信社会对男女有不同的道德标准，也可以认为两者应该被平等对待；他可以将性关系视为人类情感的表达，也可以将性与情感分离；他可以抱持种族歧视，也可以认为人的价值与肤色或鼻形无关。

毫无疑问，生活在现代文明中的人，必须经常面对这些选择，因此，我们的内心充满冲突，也就不足为奇了。但令人惊讶的是，大多数人并没有意识到这些冲突的存在，更没有明确想要解决它们。人们多半随波逐流，任命运摆布。他们并不清楚自己的处境。许多人在不自知的情况下做出妥协，毫无觉察地陷入矛盾之中。在这里，我所指的是正常的人，那些既不平庸化，也不理想化，而仅仅是没有患上神经症的人。

正常内心冲突的特征

若要意识到冲突的存在，并在此基础上做出抉择，需要有一定的前提条件。这些前提条件包括以下四个方面：

第一，我们必须意识到自己想要什么，甚至意识到我们的情感是怎样的。我们是真心喜欢某个人，还是仅仅认为应该喜欢他？如果父母去世了，我们是真的伤心，还是仅仅走个过场？我们是真的希望成为律师或医生，还是仅仅觉得这份职业可以名利双收？我们是真的希望孩子幸福、独立，还是仅仅说说而已？大多数人会发现，这些问题看似简单，却很难回答；也就是说，我们并不清楚自己的真正感受和需要。

第二，由于冲突往往与信念、信仰或道德观有关，所以要意识到冲突，我们必须先形成自己的整套价值观。那些仅仅被我们接收却尚未内化的信念，几乎不足以产生冲突，也不足以指导抉择。当我们受到新的信念影响，这些信念就很容易被抛弃掉。如果我们只是随大流，采纳主流的价值观，就不会出现与自己切身利益相关的冲突。例如，如果儿子从来没有质疑过父亲思想狭隘，当父亲希望儿子从事他并不喜欢的职业时，儿子内心几乎不会发生冲突。再如，当一个已婚男人爱上另一个女人，实际上已经卷入了一场冲突；但如果他没有形成自己对婚姻的信念，他就会选择"顺其自然"，得过且过，而不是面对冲突，做出非此即彼的决定。

第三，即使意识到了这样的冲突，如果要做出抉择，我们还必须愿意且能够放弃矛盾双方中的一个。但是，很少有人能做到断然舍弃，这是因为我们的情感和信念是混乱不清的；或者归根结底，是因为大多数人都没有足够的安全感和幸福感，无法做到坦然放弃。

第四，要做出一个抉择，抉择者还需要有意愿和能力为此承担责任。这包括接纳错误决定所带来的风险，愿意承担后果而不责怪他人。抉择者应该这么想："这是我的选择，是我自己的事。"抉择者还必须拥有强大的内在力量和独立性,而这正是今天大多数人所不具备的。

尽管许多人身陷冲突之中,但冲突并没有得到承认,因此,我们常常用羡慕和嫉妒的眼光看待别人,觉得别人似乎一帆风顺、不受扰动。这种羡慕也许有点道理。那些人可能正是生活中的强者,他们建立了自己的价值体系;或者他们获得了一定程度的平静,因为随着时间的流逝,冲突和决策对他们来说都已经不那么迫切。但是,外表也可能具有欺骗性。更常见的情况是,由于冷漠、从众或投机取巧,我们所羡慕的那些人,并不能真正做到面对冲突,或者按照自己的信念去解决冲突,因此,他们只是随波逐流,做一棵墙头草而已。

有意识地体验冲突,尽管可能令人痛苦,但它也是一种无价的财富。我们越是勇于面对内心的冲突,越是努力寻求解决之道,就越能获得更多的自由和更强的力量。只有愿意承受生活的打击,才可能成为命运的主宰。那种根植于内心愚钝的虚假平静,根本不值得羡慕。它只会让我们变得软弱,最终不堪一击。

如果冲突牵涉到生活的基本问题,那么面对和解决它们就更加困难了。但是,只要我们准备好投入生活,就没有理由不去正视和解决它们。在很大程度上,教育可以帮助我们更好地认识自己,建立自己的信念。当我们认识到人生选择中各种因素的意义后,就会看到奋斗的目标,找到生活的方向。①

---

① 正常人会因为环境压力而变得愚钝,关于这一点,阅读哈利·爱默生·福斯迪克(Harry Emerson Fosdick)的《做一个真正的人》(*On Being a Real Person*),将大有收获。

神经症冲突的特征

如果一个人患有神经症,那么认识和解决冲突所遭遇的困难,将会大大增加。我必须指出,神经症只是程度的问题,我所谓的"神经症患者",仅仅指那些"达到病态程度的人"。他对自己的情感和愿望没有清晰的意识。通常情况下,他能体验到的情感就是恐惧或愤怒,那是他脆弱的内心遭遇打击时的反应;甚至这些情感也可能遭到压抑。确实有这样的神经症患者,他深受强迫性标准的影响,甚至失去了辨别方向的能力。在这些强迫性倾向的支配下,患者连放弃的能力都丧失了,更不用说承担责任的能力了。[①]

神经症冲突所涉及的问题,也可能是困扰正常人的普遍问题。但是,这些问题在性质上如此不同,以至于有人提出疑问,用同一个术语(冲突)来描述它们是否恰当。我认为是恰当的,但我们必须清楚它们的区别是什么。所以,神经症冲突的特征是什么呢?

我举个例子来说明。有一位工程师,他的工作是与别人一起研究机械,但他最近经常感到疲劳和烦躁。有一次是因为下面这件事引发的。在讨论某些技术性问题时,他与同事们意见不合,而且没得到认同。没过多久,在他缺席的情况下,大家做出了决定,随后也没有给他发表意见的机会。在这种情况下,他本可以据理力争,认为这样的程序不公正;或者,他就平静地接受大多数人的决定。这两种做法都是协调性的反应,但他都没

---

① 参见本书第十章,对人格的破坏。

有去做。虽然他感到被严重忽视,但他并没有做出反抗。他在意识层面只是感到有些生气,而在无意识层面,他的梦境里体现出凶残的暴怒。这种被压抑的暴怒——既针对他人的无礼,也针对自己的软弱——正是他感到疲劳的主要原因。

这位工程师没有做出协调性反应,原因是多方面的。首先,他树立了高傲的自我形象,迫切需要他人的尊重,而这发生在无意识层面。他自发地按照这个假设行动,认为在这个专业领域内,没有人像他一样聪明能干。所以,任何轻视他的举动都可能危及这一假设,并激起他的暴怒。此外,他还有一种无意识的施虐倾向,想要指责和羞辱别人。这种态度当然是他不能接受的,所以他用过分的友好进行掩饰。然后,他还有一种利用别人的无意识动机,出于防御,他必须保持自己在他人心中的优雅形象。他对爱和赞美的强迫性需要,加上他的迁就、忍让和顺从等态度,更加剧了自己对别人的依赖。于是,冲突产生了:一方面是具有破坏作用的攻击倾向,其特征是暴怒反应和施虐冲动;另一方面是对爱和赞美的需求,并力图在自己看来显得公平合理。结果就是,他内心的波涛汹涌遭到忽视,而作为外在表现的疲劳,使其所有行动都陷入瘫痪。

当观察这一冲突涉及的各个因素时,首先,我们会惊讶于它们之间的绝对不协调。恐怕没有比这更极端对立的了:一方面,傲慢地要求别人对他尊重;另一方面,又对别人曲意逢迎。其次,整个冲突一直处于无意识水平。其中的矛盾倾向并没有被意识到,而是被压抑在内心深处。内心即便再波涛汹涌,表面也只会冒几个气泡。这里的情绪因素也被合理化了:"这件事是不公平的,这是对我的蔑视,而我的方案是更好的。"最后,冲突的双方都是强迫性的。虽然他对自己的过分要求和依赖行为,还有某种理智的认识，但他并不能自主改变这些因素。如果想改变它们，还需要大量的分析。他被两种无法控制的强迫性力量所驱使，根本不可能拒绝内心如此迫切的需求。但是，这些需求无一代表他真正的需要或追求。他既不想利用别人，也不愿意顺从别人；事实上，他鄙视这些倾向。这个例子所揭示的状态，对于理解神经症冲突有着深远的意义。它意味着患者无法做出可行的决定。

再举一个例子来说明类似的情形。一位自由职业的设计师从他好朋友那里偷了一笔钱，这种偷窃行为无法通过他的外部环境来理解；如果他需要这笔钱，他的朋友一定会慷慨解囊，因为这位朋友以前就借过钱给他。但是他竟然去偷窃，这实在令人难以理解，因为他一直是个正人君子，非常看重朋友之情。

这件事的根源隐藏在下面的冲突中。这位设计师对关爱有着明显的神经症需求，渴望在所有事情上都得到别人的关照。这里面还夹杂着一种利用他人的无意识动机。因此，他的解决办法是：既亲近别人，又侵犯别人。这两种倾向本身让他愿意并渴望得到帮助和支持，但也发展出一种无意识的极度傲慢，这与他脆弱的自尊有关。在他看来，别人应该以能为他服务为荣，而他主动寻求帮助则是一种耻辱。他对独立自主的强烈渴望，令他更加反感求助于人。这就使他无法承认自己有所需求，或者让自己接受别人的恩惠。因此，他只能主动偷取，而不能被动接受。

这个冲突的内容与第一个例子不同，但它们的本质特征是相同的。所有神经症冲突的情况都与上面的例子相似，都会表现出冲突驱力之间的不相容性，以及冲突的无意识和强迫性，因此，患者总是无法在冲突中做出决定。

正常的冲突和神经症冲突

如果要区分正常的冲突和神经症冲突,那么一条模糊的界线在于:对正常人来说,相互冲突的两种倾向,其悬殊远没有神经症患者那么大。正常人是在两种行为模式之间做出选择,任何一个选择都是可行的,并且在一个统一完整的人格结构之内。打个比方,正常冲突的两种倾向之间的夹角不超过90°,而神经症冲突的两种倾向之间的夹角可能达到180°。

除此之外,它们在意识程度上也有所不同。正如克尔凯郭尔(Kierkegaard)所指出的:"现实生活非常复杂,仅仅通过一些抽象的对比,比如彻底无意识的绝望和完全有意识的绝望,是无法将其表述清楚的。"[①]但是,我们或许可以这样说:正常的冲突可以完全是有意识的,而神经症冲突的基本要素总是无意识的。一个正常人,即使可能没有觉察到自己的冲突,但只要得到一点帮助,他就会有所意识;而导致神经症冲突的基本倾向,则被深深压抑着,只有克服巨大的阻力,才能使其明朗清晰。

正常冲突所涉及的是,在两种可能性之间做出切实可行的选择,这两种可能性都是抉择者真正想要的;或者是在两种信念之间做出选择,这两种信念都是他真正看重的。因此,他完全有可能做出一个合理的决定,即使这对他来说有点困难,而且需要某种形式的放弃。然而,神经症患者所陷入的冲突,让他无法自由地做出选择,因为他被两种同样强大的力量驱使着向相反的方向前进,这两种力量都是他不愿意跟随的。所以,神经症患者

---

① 克尔凯郭尔,《致死的疾病》(*The Sickness unto Death*),普林斯顿大学出版社1941年版。

不可能做出通常意义上的选择，他被困住了，进退两难。解决冲突的唯一办法就是，分析所有相关的神经症倾向，通过改变患者与自己、与别人的关系，使他完全摆脱这些倾向。

　　以上论述解释了神经症冲突为何令人如此痛苦。这些冲突不仅难以辨认，还容易让人感到无助，同时它们还具有一种破坏性力量，让患者感到害怕。除非我们了解这些特征，并将它们铭记在心，否则就无法理解患者为解决冲突所做的绝望尝试，而正是这些尝试构成了神经症的主要内容。

第二章 基本冲突

由相互矛盾的态度产生的冲突，乃是神经症的核心，因此应该被称为基本冲突。

内心冲突的根源

冲突在神经症中所起的作用,远远超出了人们的想象。然而,这些冲突并不容易被发现,部分是因为它们基本处于无意识层面,但更多是因为神经症患者想方设法否认它们的存在。那么,是什么迹象使我们有理由认为存在这些冲突呢?

上一章所举的两个例子,其中有两个因素明显地表明了冲突的存在。一个因素是最终出现的症状,比如,案例一里的疲倦,案例二里的偷窃。每一种神经症症状实际上都指向一种潜在的冲突;也就是说,每一种症状差不多都是某种冲突的产物。在后文中,我们将会看到,那些未解决的冲突对人们有什么影响,看到它们如何使人陷入焦虑、抑郁、犹豫、迟钝、回避等状态。对这一因果关系的理解,有助于我们把注意力从表面的紊乱转向它们的源头,尽管目前还不能揭示源头的确切性质。

另一个表明冲突存在的因素,乃是个人的矛盾。在案例一中,我们看到,当事人确信自己受到不公正的待遇,但他却没有采取任何反抗。在案例二中,一个非常看重友谊的人,却从朋友那里偷了钱。有时候,处于冲突中的当事人,能够意识到这种自相矛盾;但更多的时候,他对这种矛盾视而不见,即便任何一个局外人都觉得那是显而易见的。

自相矛盾的行为是冲突存在的一个显著标志,就像体温升高表明身体不适一样。再举几个常见的例子:一位姑娘非常想要嫁人,但又躲避向她求爱的男人;一位母亲溺爱她的孩子,却又经常忘记孩子的生日;一个人习惯对别人慷慨解囊,却对自己极其吝啬;一个人非常渴望独处,却又忍受不了孤独;一个人对别人宽容忍让,却对自己严厉苛刻。

与症状不同,自相矛盾的行为可以让我们尝试对冲突的本质做出假设。例如,重度的抑郁只能揭示这一事实,即一个人此时正身陷困境。但是,如果一个看起来很疼爱孩子的母亲却忘记了孩子的生日,那么我们就倾向于认为:这个母亲更关注的是她作为好母亲的形象,而不是孩子本身。我们甚至还认为有这样的可能性,即她想成为一位好母亲的理想,与她无意识的施虐倾向是相冲突的,她有一种想要让孩子受挫折的无意识愿望。

有时候,冲突也会浮现到表面上,也就是说,被我们有意识地体验到。这似乎与我之前的结论——神经症冲突是无意识的——相矛盾。但事实上,浮现到表面的只是真实冲突的扭曲或变形。因此,尽管一个人经常采取逃避的策略,但当他发现自己必须做出重大选择时,就可能陷入有意识的冲突当中。他此刻无法做出决定:要不要结婚,与哪个女人结婚;选择这份职业,还是那份职业;是维持合作关系,还是解除合作关系。于是,他将承受巨大的折磨,在两极之间摇摆,完全无法做出任何决定。

在痛苦的驱使下,他可能去求助心理分析师,期望分析师帮助自己理清这些问题。然而,他必将大失所望,因为他当下的冲突不过是内心冲突暗流涌动的表面泡沫。如果不沿着漫长而曲折的道路追溯下去,不去认清隐藏在问题背后的冲突,那么困扰他的问题不会得到解决。

在有些情况下,患者的内心冲突可能会外化,显现在他的意识层面,表现为他与周围环境之间的矛盾。或者,当一个人发现他的愿望被看似毫无理由的恐惧和压抑所干扰时,可能会意识到自己的冲突有着更深的根源。

我们对一个人了解得越多,就越能认识到导致其症状、矛盾和表面冲突的冲突因素。而且,我们必须补充一点,由于矛盾的种类和数量繁多,整个画面将变得更加混乱。所以,我们不禁要问:是否存在一种基本冲突,潜藏在所有这些特定的冲突之下,并导致了所有这些冲突?我们是否可以用不和谐的婚姻来比喻冲突的结构?例如,无休止地围绕朋友、孩子、财务、三餐、仆人而产生的无关紧要的分歧和争吵,其实都指向这段关系本身存在的基本冲突?

基本冲突和基本焦虑

(一)弗洛伊德等人的观点

自古以来,人们就相信人格中存在着基本冲突,这种信念在各种宗教和哲学中都扮演着重要角色。例如,光明与黑暗,天使与魔鬼,正义与邪恶,此两极力量的对峙正表现出这一信念。在现代心理学中,弗洛伊德在这方面做了开创性工作,当然,他在其他方面也是如此。他最先提出假设:所谓的基本冲突,是本能冲动与环境之间的冲突,一方面是我们盲目地寻求本能冲动的满足,另一方面是外界环境(家庭和社会)的阻止和压抑。这种环境在童年时期便开始内化,后来成为令人生畏的"超我"。

弗洛伊德的这个观点非常值得讨论,但不太适合在这里展开。因为那样的话,我们需要把所有关于力比多理论的争论都重述一遍。所以,我们不如先把弗洛伊德的理论假设放在一边,尝试理解这个观点本身的含义。这样就只剩这一个论点,即原始的、利己的驱力和令人生畏的良知之间的对立,乃是各种冲突的根源。正如下文将要揭示的,我也认为这种对立(或者在我看来与之相当的东西)在神经症的结构中起着重要的作用。但是,我对它的基本性质却有不同意见。我的观点是,尽管这种对立是一种主要的冲突,但它是继发性的,是神经症发展过程中的产物。

我持异议的理由将在后文中逐渐变得清晰。在这里,我只说一点:我不相信任何欲望和恐惧之间的冲突如此强烈,以至于能够解释神经症患者内心的分裂;也不相信它的结果如此有害,以至于竟然能够毁掉一个人的生活。弗洛伊德所假设的那种心理状态意味着,神经症患者仍然保留着一心一意追求某种东西的能力,他只是在追求的过程中因恐惧的阻碍而产生了挫败感。但在我看来,冲突的根源正在于神经症患者丧失了一心一意追求某个目标的能力,因为他的愿望本身是分裂的,也就是说,是背道而驰的。[①] 由此所造成的状况远比弗洛伊德所假设的严重得多。

尽管我认为基本冲突比弗洛伊德所说的更具破坏性,但对

---

① 弗兰茨·亚历山大,《结构性冲突和本能冲突的关系》(*The Relation of Structural and Instinctual Conflicts*),《精神分析季刊》,第 11 卷第 2 期,1933 年 4 月。

于最终解决的可能性,我的看法则比他更积极。根据弗洛伊德的观点,基本冲突是普遍存在的,在根本上是无法被解决的:我们所能做的不过是更好地妥协,或者更好地加以控制。但根据我的观点,基本的神经症冲突并不是一开始就有的,而且即使出现了,只要患者愿意付出相当的努力和艰辛,也是可以解决的。我和弗洛伊德的区别并不是乐观或悲观的问题,而是由于我们的前提不同所产生的必然结果。

弗洛伊德后来对基本冲突问题的解答,在哲学意义上很吸引人。让我们再次把种种关于他思路的讨论放到一边,只看他的"生""死"本能理论本身。弗洛伊德把"生""死"本能理论归结为人类的建设性和破坏性力量之间的冲突,但他本人并不想把这一概念与冲突联系起来,他更感兴趣的是这两种力量是如何融合的。例如,他认为受虐狂和施虐狂的内驱力,可以解释为性本能和破坏本能的融合。

若将我的观点应用于对冲突的研究,还需要引入对道德观的讨论。然而,在弗洛伊德看来,道德观是科学王国的非法入侵者。他根据自己的信念,努力构建一种摒弃了道德观的心理学。我认为,正是这种"科学至上"(指自然科学)的努力,限制了弗洛伊德的理论及其治疗,使其局限于一个狭隘的范围。更具体地说,这种努力似乎使他无法认识到冲突在神经症中的作用,即使他在这一领域做了大量的工作。

荣格也相当重视人类身上相互对立的倾向。事实上,荣格对这些矛盾印象深刻,以至于他总结出一条普遍规律:任何一种元素的存在,都必然意味着其对立面的在场。外在的阴柔对应内在的阳刚;表面的外向对应隐藏的内向;表面以思维和理性为主导,内心则偏重于情感,等等。由此可见,荣格似乎认为冲突是神经症的一个基本特征。然而,他继续说,这些对立面并不是相互冲突,而是互补的,其目标是接纳彼此,从而接近理想的完整状态。在他看来,神经症患者是一个陷入某种片面发展的人。荣格在他所谓的"互补法则"中阐述了这些概念。现在,我也认识到,那些对立的倾向中包含了互补的因素,它们在一个完整的人格中是不可缺少的。但在我看来,这些因素已经是神经症冲突的产物,它们紧紧依附于患者,是因为它们代表了解决冲突的尝试。例如,一个人内倾、孤僻,只关注自己的所思所想而忽略别人,如果这是一种真实的倾向,也就是说,它是先天形成并由后天经验强化而来,那么荣格的推论就是正确的。而有效的治疗方法就是,我们向患者指出他隐藏的"外倾"倾向,指出任何片面的发展都是危险的,并鼓励他接受并实现这两种倾向。然而,如果我们将患者的内倾(或者,我更愿意称之为神经症孤僻)看作他逃避的一种手段,逃避因与他人密切接触而产生的冲突,那么我们的任务就不是鼓励他更加外倾,而是要分析那些隐藏的冲突。只有解决了这些冲突,才能实现内心的整合。

(二)我对基本冲突的观点

现在,我开始阐述自己的观点。在神经症患者对别人的矛盾态度中,我看到了他的基本冲突。在详细讨论之前,让我们先回忆一下《化身博士》(*Dr Jekyll and Mr Hyde*)的故事,其中有关于这一矛盾的生动表现。在这个故事中,一方面,杰基尔博士文弱、敏感、有同情心、乐于助人;另一方面,海德先生残忍、无情、自私自利。当然,我并非暗示神经症的分裂总是遵循这个故事的模式,我只是想指出,在神经症患者对别人的态度中,往往生动地表现出基本的矛盾。

要从起源学探讨这个问题,就必须回到我所说的基本焦虑[1]。所谓基本焦虑,是指一个孩子在充满敌意的世界中,感受到一种孤立和无助。外界环境中的许多不利因素,都可能使孩子感到不安全,例如:直接或间接的控制、情感冷漠、情绪化的行为、不尊重孩子的需求、缺乏真正的指导、轻蔑的态度、过多或过少的赞美、缺乏关爱、让孩子在父母的争执中"站队"、承担太多或太少的责任、过度保护、与其他孩子隔离、偏袒、歧视、不遵守承诺、敌意的氛围,等等。

在这里,需要特别提醒大家注意的因素,就是孩子能觉察到环境中潜在的虚伪。他觉得父母的爱,他们所做的慈善活动,他们的诚实、慷慨等,可能都只是假装出来的。孩子感受到的虚伪有一部分是真实的;但也有一部分可能只是他对父母行为中矛盾之处的反应。然而,导致这种情况的因素通常是结合在一起的。它们也许很明显,也可能很隐蔽,因此我们只能在分析中,逐步地了解这些因素对孩子成长的影响。

在这些令人不安的情境下,孩子们摸索着如何继续前进,如何应对这个充满威胁的世界。尽管充满了怀疑和恐惧,他们还是在无意识中形成了自己的策略,以应对在环境中发挥作用的各种因素。这样做的时候,他们不仅发展出了临时的策略,还形成了持久的性格倾向,这些倾向成了他们人格的一部分。我把这些倾向称为"神经症倾向"。

如果想知道冲突是如何发展的,就不能过多地关注个别倾向,而是要全景式地观察儿童在上述环境中采取的行动。虽然这样做暂时忽略了细节,但我们会更清楚地看到儿童为应对环

---

[1] 卡伦·霍尼,《我们时代的神经症人格》,诺顿出版公司 1937 年版。

境所采取的基本行动。一开始,我们可能会看到一幅相当混乱的画面,但随着时间的推移,有三条主线会逐渐清晰起来:儿童会亲近人、对抗人,或者回避人。

当儿童亲近人时,他接受了自己的无助,尽管他感到疏远和恐惧,但他尝试去赢得别人的喜爱并依靠他们。只有这样,他与别人在一起时才感到安全。如果家庭中存在不同阵营,他会依附于更强大的那一方。通过这种依附,他获得了归属感和支持感,这使他感觉不那么脆弱和孤立。

当儿童对抗人时,他接受了周围的敌意,并认为敌意是天然存在的,所以他会有意或无意地决定战斗。他会暗中怀疑别人对自己的感情和意图,他会以任何可能的方式进行反抗。他想变得更强大并打败别人,不仅为了保护自己,还为了报复。

当儿童回避人时,他既不想有归属感,也不想加入战斗,只想与人保持距离。他觉得自己跟别人没有共同语言,别人根本无法理解他。他构建了一个自己的世界,融入自然、玩具、书籍和梦想的怀抱。

在这三种态度中,每一种态度都过分强调了基本焦虑中的某个因素:第一种是无助,第二种是敌意,第三种是孤立。但实际上,儿童不可能只表现出这三种态度中的一种,因为在这些态度的形成过程中,三种倾向必然都会出现。我们所看到的,只是其中占主导地位的那种倾向。

现在,如果我们谈论充分发展的神经症,这种情况就会变得更加明显。我们都见过这样的成年人,他会明显表现出上述三种态度中的一种。但我们同时也可以看到,其他倾向在他身上并没有消失。在一个以依赖和顺从为主的人格中,仍然可以观察到攻击倾向和独处的需要;一个充满敌意的人,也会有顺从的一面,也需要独自安静;而一个离群索居的人,也并非没有敌意或不渴望友谊。

然而,占主导地位的态度才是决定一个人实际行为的关键。它反映的是在与人打交道时,个体最得心应手的方式和手段。因此,一个离群索居的人会在无意识层面使用各种技巧,使自己与别人保持安全的距离,因为在任何需要与人密切接触的情况下,他都会感到不知所措。此外,占主导地位的态度,常常也是患者在意识层面最能接受的——但并不总是如此。

这并不是说,那些不太明显的态度就没有影响力。例如,一个表面上依赖、顺从的人,很难说他的支配欲就低于他对爱的需求,只不过他表达攻击冲动的方式更隐蔽罢了。被掩盖的倾向可能拥有巨大的力量,因为占主导地位的态度可以发生逆转,这在许多例子中已经得到证明。我们可以在儿童身上看到这种逆转,但它也发生在成人的生活中。英国小说家毛姆的《月亮和六便士》中的人物斯特里克兰(Strickland)就是一个典型的例子。一些女性的病史往往显示出这种变化。一个曾经像假小子一样野心勃勃、叛逆的女孩,在坠入爱河之后,可能会变成一个顺从、依赖的女人,显得不再有什么野心。或者,在遭遇重大变故或不幸之后,一个本来性格孤僻的人可能会变得病态地依赖他人。

这里应该补充一点,类似这样的变化给了我们某种启发去回答一个频繁遇到的问题,即后来的经历是否无足轻重,我们是否被童年经历一成不变地牵引和制约着?从冲突的角度来思考神经症的发展,有助于我们给出一个比通常看法更恰当的答案。有这样一些可能:如果童年环境没有过于抑制自发成长,那么后来的经历尤其是青春期的经历,就能影响人格的塑造。然而,如果早期经验的影响足够大,使儿童形成了僵化的行为模式,那么任何新的经验都无法突破桎梏。一部分原因在于,个体的僵化让他无法接受任何新的体验:比如,他可能过分不合群,不允许任何人接近他;或者他的依赖根深蒂固,让他总是屈从别人,并招致别人的利用。另一部分原因在于,他总是用已有的那套语言模式来解释一切新的经验:比如,攻击型的人面对别人的友好时,要么认为这是愚蠢的表现,要么认为别人有所企图;因此新的经验只会强化旧有模式。还有一种情况,当神经症患者表现出不同于以往的态度时,看似是后来的经验带来了人格的改变,但这种改变并不像它表现得那么彻底。事实上,是内在和外在的压力迫使他放弃了先前占主导地位的态度,而转向另一个极端。然而,如果起初没有冲突存在,这种变化是不会发生的。

基本冲突是神经症的核心

对正常人来说,这三种态度并不会相互排斥。一个人应该既能退让,也能反抗,还能独善其身。这三者可以互相补充、协调统一。如果其中一种占据优势,仅仅表明它在某个方向上发展过头了。

然而,在神经症患者身上,这三种态度是不可调和的。因为神经症患者总是不够灵活;他被迫去服从、对抗和逃避,而不管这样做在特定情况下是否合适。如果不去这样做,他就会陷入恐慌。因此,当这三种态度都表现得很强烈时,他必然会陷入严重的冲突。

另一个显著扩大冲突范围的因素是,这些态度并不局限于人际关系,而是逐渐渗透到患者的整个人格中,就像恶性肿瘤渗透到整个机体组织中一样。最终,这些态度不仅支配着患者与别人的关系,还控制着他与自己、与整个生活的关系。如果我们没有充分意识到这种支配一切的特征,就很容易用绝对的字眼去思考由此产生的冲突,比如爱对恨、顺从对反抗、服从对支配,等等。然而,这只会使人走入误区,就如我们在区分法西斯主义和民主制度时,只注意到两者在某一个问题上的对立,比如它们对宗教或权力的态度不同。这当然是它们的区别,但只强调这一点会混淆一个事实,即民主制度和法西斯主义分属不同的世界,代表两种完全不相容的生命哲学。

冲突始于我们与他人的关系,而最终会影响我们的人格,这并非偶然。人际关系是如此重要,它必定会塑造我们的品质,影响我们的目标以及信奉的价值观。而所有这一切,反过来又会作用于我们与他人的关系,因此它们交织在一起,难解难分。[①]

我的观点是,由相互矛盾的态度产生的冲突,乃是神经症的核心,因此应该被称为基本冲突。补充一点,我用"核心"这个词不仅是表明它的重要性,还强调了它是神经症产生的动力中心。这一主张是神经症新理论的重心,其内涵将在下文中逐渐揭晓。宽泛地说,这一理论可以视为我的早期观点——神经症是人际关系紊乱的表现——的细化。[②]

---

① 既然与别人的关系和对自己的态度不能分隔开来,那么有些精神病学出版物的观点——这两者当中总有一个在理论和实践中是首要因素——就有些站不住脚了。

② 这个概念最早出现在《我们时代的神经症人格》中,后来在《精神分析的新方向》和《自我分析》中得到详细阐述。

第三章 与人亲近

这种类型的人需要被人喜欢、追求、渴望和爱；需要被人接纳、欢迎、赞美、认可和欣赏。他希望被人需要，尤其是某个特定的人；希望被人帮助、保护、照顾和引导。

只描述基本冲突在个体身上的作用，我们并不能把它说清楚。因为基本冲突具有破坏性的力量，所以患者对其建立起一道防线。这不仅把基本冲突挡在视线之外，还把它深深隐藏起来，使其无法以纯粹的形式呈现。结果是，我们看到的更多是解决冲突的尝试，而不是冲突本身。因此，关注病史的细节无法揭示它所掩藏的内涵，这样的呈现必然过于就事论事，无法让人看清全局。

另外，前一章所做的概述还需要充实。为了理解基本冲突的全部内涵，我们必须先逐一研究其中对立的因素。而要取得一定的成效，就必须将个体分成几种类型来观察；每种人格类型由某一因素主导，且该因素对患者而言代表了更易接受的自我。为了简便起见，我将这些类型分为以下三种：顺从型人格、攻击型人格和回避型人格。[①] 在每一种情况下，我们都将关注个体更

---

① 这里的"类型"一词只是对那些具有鲜明特征的人的简称。我绝不是要在本章和以下两章中建立一种新的类型学。类型学当然是我们需要的，但必须建立在更广泛的基础上。

愿意接受的态度，尽可能不去考虑它所隐藏的冲突。而在每一种类型中，我们都会发现，这种对他人的基本态度产生或至少培养了某些需求、品质、敏感、压抑、焦虑，还有特定的价值观。

这种做法可能存在缺点，但也有一定的优点。首先，通过研究各种类型中比较突出的一系列态度、反应、信念的功能和结构，当这些因素含糊不清地出现在类似病例中时，我们可以更容易将其识别出来。其次，观察各个类型没有夹杂其他表现的症状，将有助于我们揭示这三种态度内在的不相容性。让我们回到民主制度和法西斯主义的例子：如果想指出民主制度和法西斯主义意识形态的本质区别，我们不会首先呈现一个既信仰某种民主理想，又暗中靠近法西斯主义的个体；我们更倾向于先从国家社会主义的著作和运动中了解法西斯主义思想，再把它们与最具代表性的民主生活方式进行比较。这将使我们对这两种信仰之间的差异有一个清晰的印象，从而帮助我们理解那些试图在两者之间达成妥协的个体和群体。

顺从型人格的特征

我们先来看顺从型人格，它表现出与"亲近人"有关的所有特点。他对爱和赞美有着显著的需求，尤其需要一位"伙伴"，这个人可能是朋友、情人、丈夫或妻子，"他或她要满足他生活中的所有期待，帮助他分辨善与恶，其主要任务就是完美地操纵他"[①]。这些需求具有所有神经症倾向共同的特征，也就是说，它们是强迫性的、不分场合的，并且在受挫后会产生焦虑或抑郁。

---

① 卡伦·霍尼，《自我分析》，诺顿出版公司 1942 年版。

这些需求起作用时,几乎不依赖于他人本身的价值,也不依赖于患者对他们的真实感受。尽管这些需求的表达方式千变万化,但它们都围绕着对亲密关系的渴望,对"归属感"的渴求。由于这些需求本身具有盲目性,所以,顺从型的人很容易认为别人与他气味相投,而忽视自己与别人的差异。^① 他对别人的这种误判,并不是因为无知、愚蠢或者没有观察力,而是由他需求的强迫性所决定的。他感觉自己——就如一位患者在绘画中所描绘的——就像一个婴儿,被奇怪而危险的动物包围着。他站在画面的中央,弱小而无助,一只大蜜蜂想要蜇他,一条狗想要咬他,一只猫想要抓他,一头牛想要顶他。很显然,这些动物的真实本性并不重要;重要的是,更具攻击性、也更令人畏惧的事物,它们的"爱"也正是患者最为需要的。总而言之,这种类型的人需要被人喜欢、追求、渴望和爱;需要被人接纳、欢迎、赞美、认可和欣赏。他希望被人需要,尤其是某个特定的人;希望被人帮助、保护、照顾和引导。

在分析过程中,当分析师指出这些需要的强迫特征时,患者很可能会坚称它们都是"自然的"。他当然有足够的理由为自己辩护。我们可以假设,其实每个人都希望被别人喜欢,需要归属感,获得帮助——除了那些完全被施虐倾向吞噬的患者(最后一章会讨论),他们对爱的渴求被抑制到无法起作用。这位患者的错误在于,他声称自己对爱和赞美的疯狂追求都是真诚的,而实际上,他对安全感贪得无厌的渴求已经使其中的真诚面目全非了。

患者对安全感的需求是如此迫切,以至于他做的每一件事

---

① 参见《我们时代的神经症人格》,第二章和第五章,关于情感需求的部分;《自我分析》,第八章,关于病态依赖的部分。

都是为了安全。在这个过程中，他形成了某些品质和态度，并由此塑造了他的性格。其中一些可能是讨人喜欢的：他对别人的需求变得很敏感，当然，这得在他的情感所能理解的范围内。例如，他很可能会忽视一个孤僻者想要独处的愿望，但他会时刻准备满足另一个人对同情、帮助、赞美的需求。他会主动满足别人的期望，或者在他看来是别人的期望，因此经常忽略自己的感受。他变得"无私"、自我牺牲、无欲无求——除了他对"爱"的无限渴求。他变得顺从，在他能承受的范围之内，对别人过分体贴、过分感激、过分感恩和过分慷慨。他忽视了一个事实，即在内心深处，他并不是真的关心别人，甚至倾向于把别人看作虚伪的、自私的。但如果让我用意识层面的术语来描述无意识的心理状态，可以这样说：他说服自己去喜欢所有人，那些人都很"友好"，并且值得信任。这个谬论不仅造成了令人心碎的失望，还增加了他整体上的不安全感。

这些品质并不像他本人认为的那么有价值，主要是因为他没有考虑自己的感觉或判断，而是盲目地给予，他所给予的正是自己想要从别人那里得到的。而且，如果没有得到回报的话，他又会陷入深深的不安。

与之类似并重叠的还有一些其他特征，其目的是避免与人怒目相向、争吵和竞争。他倾向于把自己置于次要地位，让别人成为关注的焦点；他会调和矛盾、缓解冲突，至少在意识上不会怀恨在心。任何复仇或胜利的愿望都被深深压抑着，以至于他常常惊讶自己怎么能如此轻易和解，惊讶自己从来没有长久的怨恨。这当中还有重要的一点，那就是他倾向于主动承担责任。再一次，他完全不考虑自己的真实感受，也就是说，不管他是否真的感到内疚，他都会指责自己而不是别人；而且在面对明显不合理的批评或攻击时，他也倾向于检讨自己或向别人赔礼道歉。

在不知不觉间，这些态度会转变为明显的压抑。因为任何挑衅行为都是禁忌，所以我们便发现了压抑所在：他避免坚持己见、挑剔别人、苛求别人、发号施令、给人留下深刻印象或实现自己的野心。此外，因为他的生活完全以他人为导向，他的压抑常常使他不能为自己做事情或独自享受生活。这样一来，他就会觉得任何不与他人分享的经历，无论是一顿饭、一场演出、一段音乐，还是一处风景，都将变得毫无意义。不用说，这种对享受的严格限制，不仅使他的生活变得乏味，还使他更加依赖他人。

除了对上述品质的理想化①之外，这类患者对待自己的态度还有一些特征。首先是一种无处不在的脆弱感和无助感，患者有一种"可怜弱小的我"的感觉。一旦让他自力更生，他就会不知所措，就像一只离开港湾的小船，或是失去了仙女教母的灰姑娘。这种无助感在一定程度上是真实的，如果一个人无论如何都感觉无法抗争，那么他确实会因此变得脆弱。而且，他会向自己和别人坦率地承认这种无助感。这种感觉还会在梦里得到显著地强调。患者经常用这种无助作为吸引别人或保护自己的手段："你必须爱我，保护我，原谅我，不能抛弃我，因为我是如此脆弱和无助。"

第二个特征来自他让自己甘居人后的倾向。他想当然地认为每个人都比他优秀、比他更有魅力、更聪明、更有教养、更有价值。这种感觉是有事实根据的，因为他缺乏自信和主见，这确实会削弱他的能力。但即使在他完全能够胜任的领域，他的自卑感也会使他无视自己的优势，而认为别人比他更有能力。在那

① 参见本书第六章，理想化形象。

些咄咄逼人或傲慢自大的人面前,他的自我价值感就变得更低了。然而,即使他独自一人时,他也倾向于低估自己的资质、天赋和能力,甚至会低估自己的物质财富。

第三个特征是他对别人普遍依赖的一部分。他无意识地倾向于根据别人的看法来评价自己。他的自尊心随着别人的赞成或反对、喜欢或厌恶而变化起伏。因此,任何拒绝对他来说都是灾难性的。如果一个人没有接受他的邀请,表面上他可能毫不在意,但在他的内心,自尊已经跌到了谷底。换句话说,任何批评、拒绝或抛弃都是极其可怕的危险,所以他会做出最卑贱的努力,去赢得那个威胁者的认可。左脸挨了耳光,他会再送上右脸,这样做并非出于某种"受虐"冲动,而是基于他的内在假设,这是他所能做的唯一合乎逻辑的事。

所有这些使患者形成了一套独特的价值观。当然,这些价值观的清晰和坚定程度,会因个体的成熟程度而不同。它们指向的是善良、同情、爱、慷慨、无私和谦卑,而自私、野心、冷酷、狂妄和权势是他深恶痛绝的,但这些特质同时也会因为它们代表着"力量",而暗暗地受到他的赞赏。

以上就是神经症中"亲近人"所包含的因素。现在应该清楚了,只用顺从或依赖这样的词汇来描述这些因素,是多么不充分,因为其中隐含的是一整套的思维、感受和行为方式,实际上是一种生活方式。

对顺从型人格的分析

我曾说过不去讨论那些矛盾对立的因素。但是,除非我们意识到压抑对立的倾向在多大程度上强化了占主导地位的倾向,否则就无法充分理解这些态度和信念是多么牢固地依附在一起。因此,我们应该快速了解一下它的对立面。在分析顺从型人格时,我们发现各种攻击倾向都被强烈地压抑了。与表面上的过分关心恰恰相反,我们还看到患者对他人冷漠无情、持蔑视态度,无意识地依附或利用他人,控制和操纵他人,永不知足地想要超越他人,或者追求报复的快感。当然,被压抑的冲动在类型和强度上各不相同。在某种程度上,它们是对早年不幸经历的回应。例如,某个患者的病史显示,他小时候经常乱发脾气,但到了五岁或八岁时,这种表现消失了,取而代之的是普遍的温顺。但是,攻击性倾向也会受到后天经历的强化和助长,因为敌意不断地从许多源头产生。如果在这里无休止地讨论下去,我们将会离题太远;所以只要指出一点就够了:自谦和"善良"会招致他人的践踏和利用;此外,依赖他人也会使自己变得更加脆弱。这种脆弱反过来又会导致一种被忽视、拒绝和羞辱的感觉,只要患者对爱或赞美的过度需求没有得到满足,他就会产生这些感觉。

当我说这些感觉、驱力和态度遭到"压抑"时,我使用的是弗洛伊德的术语;这意味着患者不仅没有意识到它们,还强烈希望永远不要意识到它们。他一直焦虑地提防着,以免向自己或他人泄露蛛丝马迹。因此,每一种压抑都使我们面临这样一个问题:个体压抑他内心的某些冲动目的到底何在? 在顺从型患者身上,我们可以找到几种答案,但其中大部分答案,我们只有在讨论完理想化形象和施虐倾向后才能理解。此时,我们能够理解的一点是,对敌意的感受或表达将会威胁患者喜欢他人和被他人喜欢的需求。此外,在患者看来,任何攻击甚至自我肯定的行为都是自私的。他自己会谴责这种行为,并因此觉得别人也会谴责它。他无法承担这种被谴责的风险,因为他的自尊完全依赖于别人的认同。

压抑所有过分自信的、报复性的、有野心的情感和冲动还有另外一种作用。它是神经症患者为了消除内心的冲突并创造出完整统一的感觉的众多尝试之一。我们内心对人格统一的渴望并不神秘,它由两个因素促成:一是我们生活的现实需要——当我们被方向相反的两种力量牵扯时,它就无法实现了;二是由此产生的极度恐惧——害怕被分裂。通过掩盖所有矛盾的元素而使一种倾向占主导地位,是一种无意识的整合人格的尝试,是神经症患者解决冲突的主要方法之一。

因此,我们发现了患者严格控制攻击性冲动的双重目的:一是他的整个生活方式不能受到威胁,二是他那虚假的统一不能遭到破坏。攻击性倾向的破坏性越大,就越有必要将其排除在外。患者还可能会矫枉过正,从不表现自己想要什么,从不拒绝别人的任何要求,总是喜欢每一个人,总是甘居人后,等等。换句话说,患者顺从的、讨好的倾向得到强化,它们变得更具强迫性,也更加盲目。[①]

当然,所有这些无意识的努力并不能阻止被压抑的冲动发挥作用或表现出来。但是,这样的行为符合神经症的结构。患者会向他人提出要求,"因为他如此悲惨";或者打着"爱"的幌子暗中支配他人。被压抑的敌意累积到一定程度,就会以不同的威力爆发出来,或者是小打小闹,或者是大发脾气。这些爆发虽然不符合他温柔善良的形象,但对他来说却是完全合理的。根据他的假设,他完全没错。他不知道自己对别人的要求是过

---

① 参见本书第十二章,施虐倾向。

分的、自私的,有时他会觉得自己受到了不公平的对待,以至于忍无可忍。最终,如果被压抑的敌意发展成盲目的愤怒,就可能会导致各种功能紊乱,比如头痛或胃病。

因此,顺从型人格的大多数特征都具有双重动机。例如,当他降低自己的身份时,是为了避免摩擦,从而实现与他人和谐相处;但这也可能是他使用的手段,用来消除自己想要超越他人的所有痕迹。当他让别人利用自己时,是一种顺从和"善良"的表现,但也可能是在逃避自己心中想要利用别人的愿望。为了克服神经症的顺从倾向,就要对冲突的双方进行恰当的分析。从传统的精神分析出版物中,我们有时会得到这样的印象:"释放攻击性"就是精神分析治疗的本质。这种看法说明我们对神经症结构的复杂性,尤其是对其多样性所知甚少。只有在讨论某种特定的类型时,这种观点才具有正确性;但即便如此,它的正确性也是有限的。对攻击性冲动的揭示确实是一种释放,但如果把"释放"本身当作最终目的,那就很容易对患者的发展造成损害。患者的人格若要最终获得整合,就必须彻底解决各种冲突。

性与爱对顺从型人格的影响

我们还要注意性与爱在顺从型患者身上扮演的角色。在患者看来,爱往往是唯一值得为之奋斗、为之活下去的目标。没有爱的生活是单调、乏味和空虚的。按照弗里茨·威特尔斯(Fritz Wittels)对强迫性追求的描述①,爱成了患者奋不顾身去追求的

---

① 弗里茨·威特尔斯,《神经症患者的无意识幻影》(*Unconscious Phantoms in Neurotics*),载《精神分析季刊》,第 8 卷,第 2 部分,1939 年。

幻影。人群、自然、工作，或者任何一种娱乐或兴趣，除非有爱的关系赋予它们热情和味道，否则一切都毫无意义。在我们所处的文化中，这种对爱的痴迷在女性中比男性中更为常见和明显，这个事实让人们形成了一种观念，即对爱痴迷是女性特有的渴望。事实上，这种痴迷与性别根本无关，它只是一种神经症现象，是一种非理性的强迫性冲动。

如果我们理解顺从型患者的人格结构，就会明白为什么爱对他如此重要，为什么"他的疯狂中自有逻辑"。考虑到他身上互相矛盾的强迫性倾向，爱实际上是他满足所有神经症需要的唯一途径。它既能满足他被人喜欢的需要，也能实现他支配别人的需要（通过爱）；既能满足他甘居人后的需要，也能满足他高人一等的需要（通过伴侣对他的专注）。它使患者能够在合理、无辜甚至值得称赞的基础上，释放自己所有的攻击性冲动，同时又允许他表现出自己所有讨人喜欢的品质。此外，由于他不知道自己的痛苦和挣扎来自内心的冲突，于是爱就成了他的灵丹妙药——只要找到一个爱他的人，一切问题都会迎刃而解。

外人会说这种期望如此荒谬，要指出这一点很容易，但这还不够，我们必须理解他的无意识推理的逻辑。他的逻辑是："我既脆弱又无助，只要我独自活在这个充满敌意的世界上，我的无助感就是一种危险和威胁。但如果我找到一个爱我胜过一切的人，我就不再面临危险了，因为他会保护我。和他在一起，我不需要证明自己，不需要提要求或做解释，因为他会理解我，并给我所有我想要的。事实上，我的软弱将是一种优势，因为他会喜欢我的无助，而我可以依靠他的力量。我无法为自己调动积极性，但如果是为他做事情，或者他要求我为自己做点什么，我就会迅速行动起来。"

他继续按这个逻辑推想,其中部分是深思熟虑的,部分只凭感觉,部分是完全无意识的,他会想:"独处对我来说是一种折磨,一件事如果不能跟人分享,我就无法享受其中的乐趣,孤独还让我感到迷茫和焦虑。当然,我可以独自在周六晚上看电影或读书,但那是一件丢脸的事,它让我感觉没人需要我。因此,我必须精心安排,坚决不能在周六晚上或在任何时候独自一人。但如果我找到了一位伟大的爱人,他会把我从这种折磨中解救出来,我就再也不会孤单一人了。现在看起来没有意义的事情——不管是准备早餐、工作,还是看日落——都将充满乐趣。"

他还会这样想:"我缺乏自信,总觉得别人比我更能干,更有魅力和天赋。即使是我努力完成的事情,也觉得没什么价值,因为我无法把它归功于自己。也许我一直在虚张声势,或者只是运气好罢了。我根本无法保证下一次还能成功。如果别人真的了解我,他就不会对我委以重任了。但如果我找到一个爱我的人,爱我本来的样子,把我捧在掌心里,那么我就是一个大人物了。"所以,难怪爱情会像海市蜃楼一样充满诱惑,难怪人们会紧紧抓住它不放,为它放弃了从内在改变自己的艰苦历程。

性行为也是如此,除了生物性功能外,同样具有证明自己被需要的价值。顺从型患者越是倾向于回避(害怕情感的投入),越是对被爱感到绝望,就越有可能用性来代替爱。他会以为性是建立亲密关系的唯一途径,而且会像高估爱一样,认为性也能解决一切问题。

如果我们小心地避免以下两个极端:一种是认为患者对爱的过分强调实属"自然",另一种是直接将其贬低为"神经症",我们就会看到,顺从型患者对爱的期待完全符合他的生活哲学。正如我们经常(或者总是)在神经症现象中发现的:患者有意识或无意识的推理都是完美无缺的,只不过它是基于一个错误的前提。这个错误的前提就是,患者把自己对爱的需求以及所有相关的东西,与真正去爱一个人的能力混为一谈,而且他完全没有考虑到自己攻击性甚至破坏性的倾向。换句话说,他忽略了整个神经症的冲突。他期望在丝毫不改变冲突本身的情况下,清除那些未解决的冲突的有害后果——这是每个神经症患者尝试解决冲突时的典型态度,同时也是这些尝试注定要失败的原因。

然而,对于把爱作为解药的人,我还是要多说一句。如果这些顺从型患者足够幸运,能找到一位既强大又善良的伴侣,或者伴侣的神经症恰好与他的神经症互补,那么他的痛苦可能会大幅减少,甚至还能感受到一定的幸福。但一般来说,这种期待人间天堂的关系只会将他推向痛苦的深渊。他很有可能把自身的冲突带入其中,从而破坏了这段关系。最好的结局也不过是减轻一些他的实际痛苦。除非他的冲突得到彻底解决,否则他的成长之路将会不断受阻。

第四章 与人对抗

　　顺从型患者寄希望于爱，攻击型则寄希望于别人的认可。被人认可，不仅实现了他需要的自我肯定，而且还提供了另一个诱惑，那就是被人喜欢，从而才能反过来喜欢上别人。因此，被认可似乎为他的冲突提供了解决之道，成了他拼命追求的海市蜃楼。

在讨论基本冲突的第二个方面——"对抗人"的倾向时，我们将沿用前面的方法，探讨攻击性倾向占主导地位的类型。

攻击型人格的特征

顺从型患者坚持认为人们都是"友好的"，却不断地遭到相反事实的打击。攻击型患者则想当然地认为人们都有敌意，并且拒绝承认他们并非这样。在他看来，生活就是一场战争，没人能置身事外；胜者为王，败者为寇。他极不情愿地承认可能有少数例外，而且他还是有所保留的。有时，他的态度会很明显，但更多的时候，他的态度被掩藏在优雅、公正和友好的外表之下。这种表面功夫看起来像是阴谋家的权宜之计，而实际上，这里面混杂了伪装、真实情感和神经症需要。他希望别人相信他是个好人，或许他确实有几分善意，但前提是别人要听从他的号令。这当中可能有一种对爱和赞赏的神经症需要，而这种需要却服务于他的攻击性目标。对于顺从型患者来说，他就不需要这种

"门面"，因为他的价值观与社会或宗教认可的美德非常一致。

与顺从型患者一样，攻击型患者的需求也具有强迫性。要理解这一点，就必须认识到他们的需求同样是由基本焦虑引发的。这一点有必要强调一下，因为在顺从型患者身上如此明显的恐惧，却从未被攻击型患者承认或表现出来。在他身上，所有的事情都势必表现或发展为坚不可摧的，或者至少看上去如此。

攻击型患者的需求在根本上源于他自己的感受：这个世界是一个竞技场。在这里，用达尔文的话来说，就是弱肉强食，适者生存。一个人能否生存下去，主要依赖于我们所处的社会文明，但无论如何，追求个人利益始终是第一准则。因此，他的头等需求就是对别人的控制。至于控制的手段则是各式各样。他可以直接使用手中的权力，也可以通过关怀备至或施以恩惠来间接操控。他可能更愿意做一个幕后操纵者，他采取的方法是深思熟虑的，他相信通过推理或预见，可使一切尽在掌控之中。他采取这种独特的控制形式，一方面依赖于他的先天禀赋；另一方面，这代表了相互冲突的倾向的融合。比如说，一位攻击型患者同时又有回避的倾向，他就会避开任何直接的控制，因为那会使他与别人产生密切接触。如果他有很多隐秘的情感需求，他也会倾向于选择间接控制。如果他喜欢做幕后操纵者，那么很明显他有施虐倾向，因为这意味着利用别人来达到自己的目的。①

与此同时，他还想要出类拔萃，以获得成功、名誉或任何形式的认可。他在这方面的努力，部分是以权力为导向的，因为在一个竞争性社会中，成功和名誉将会带来权力。但它们也会通

----

① 参见本书第十二章，施虐倾向。

过外界的肯定、赞扬和权威的地位,给人一种主观上的力量感。在这里,与顺从型一样,攻击型患者追求的重心也落在自身之外,只是他想要的肯定与之不同。事实上,两者的努力都会徒劳无功。当人们想知道为什么成功了还是没有安全感,这只显示了他们在心理学上的无知。但他们这样做恰恰表明,成功和名誉经常被人们当作普遍的评价标准。

剥削他人、算计他人、利用他人的强烈需求,都是攻击型画面的一部分。对任何情境或关系,攻击型患者的立场都是"我能从中得到什么"——不管是金钱、名誉、人脉,还是好的想法。他会有意识地或半有意识地相信,每个人都是这样做的,所以重要的是,他要比别人做得更完美。他养成的性格几乎与顺从型恰好相反,变得严厉而强硬,或者看上去如此。他认为所有的情感,不管是自己的还是别人的,都是"多愁善感的"。对他来说,爱情也是微不足道的。这并不是说他从来没有谈过"恋爱",或者永远不会有婚姻或婚外情;只是说他最关心的不是情感,而是找到一位称心如意的伴侣,通过伴侣的魅力、社会声望或财富来提升自己的地位。他认为没有理由替别人着想。"我为什么要关心别人?让他们关心自己吧。"对于那个古老的伦理问题:一个木筏上有两个人,只有一个能活下来,应该怎么办? 他会说,当然是保全自己,不这样做的是傻瓜,是伪君子。他讨厌承认任何形式的恐惧,并且会用极端的方法来控制它。例如,他会强迫自己待在空无一人的房子里,尽管他很害怕有坏人上门;他会强迫自己骑马,直到克服了对马的恐惧;他会故意穿过有蛇出没的沼泽地,只为了摆脱对蛇的恐惧。

顺从型患者倾向于息事宁人,攻击型患者则尽其所能与人斗争。他在争论中机警而敏锐,想尽一切办法证明自己是对的。

尤其是当他陷入绝境,除了战斗别无选择时,他会发挥出最佳水平。与害怕取胜的顺从型相反,攻击型患者是根本输不起的,他只想赢得胜利。顺从型患者喜欢指责自己,攻击型患者则动不动指责别人。两者的共同之处是他们都没有内疚感。顺从型患者在认错时,并不认为自己真的有错,只是为了讨好别人才这样做的。同样,攻击型患者也并非确信对方是错的,他只是认为自己是对的,因为他需要这种主观的确定性,就像军队需要一个安全基地来发动进攻一样。在他看来,在不必要的情况下承认错误,就算不是愚蠢至极,也是不可原谅的软弱。

攻击型患者认为自己必须与险恶的世界做斗争,由此培养出一种强烈的现实主义意识。他永远不会"天真"地忽视别人的野心、贪婪、无知,或其他可能阻碍他实现目标的东西。因为在一个充满竞争的文明社会里,拥有这种品质的人比正人君子常见得多,所以他觉得把自己看成现实主义者无可厚非。当然,实际上,他和顺从型患者一样片面。他的现实主义还有另外一面,那就是对谋略和远见的强调。他会像任何优秀的战略家一样,随时评估自己的机会、对手的实力以及可能出现的陷阱。

因为攻击型患者总是宣称自己是最强大、最精明或最受追捧的人,所以他努力发展出相应的能力和智谋。他对工作投入的热情与智慧,使他成为一名受人尊敬的员工,或者在个人事业上取得成功的老板。然而,他看起来对工作充满兴趣,这在某种意义上可能是一种误导,因为对他来说,工作只是达到目的的一种手段。实际上,他对自己所做的事情并无兴趣,也不能从中得到真正的乐趣——这与他试图将情感完全排除在生活之外是一致的。这种扼杀所有情感的做法是一把双刃剑。一方面,从成功的角度来看,这无疑是有利的,因为这样使他能像一台上了油的机器一样,不知疲倦地生产出可以给他带来更多权力和声望的产品。这个时候,感情用事可能会带来干扰。可以想象,情感可能会使他走向一条没有多少机遇的职业路线;可能会使他羞于使用在通往成功之路上惯用的伎俩;可能会引诱他放下工作,去享受自然或艺术,或者与朋友交流,而不仅仅关注对他有用的人。但另一方面,压抑情感而导致的情感空虚将会影响他的工作质量,当然,最后也必然会削弱他的创造力。

对攻击型人格的分析

从表面上看,攻击型患者一点也不压抑自己。他能坚持己见、发号施令、表达愤怒、为自己辩护。但实际上,他的压抑并不比顺从型患者少。虽然他特有的压抑没有立即给人留下这样的印象,但这并不能算现代文明的一种荣誉。这些压抑深藏在他的情感世界里,关系到他能否交友、恋爱、喜欢、共情、享乐。这些活动在他看来几乎是浪费时间。

他感觉自己坚强、诚实、务实,如果你站在他的立场,你会发现确实如此。根据他的前提,他对自己的评价完全符合逻辑。因为在他看来,冷酷无情就是力量,顺从自己、不考虑别人就是诚实,不择手段追求自己的目标就是务实。他之所以觉得自己诚实,还有部分原因来自他对眼前伪善的揭露。别人对事业的热情、博爱的情操,在他看来纯粹是装模作样;他可以轻松地揭开社会意识和宗教美德的假面。他的一整套价值观建立在丛林哲学基础之上:强权就是真理,慈悲和宽容请让到一边,"人对人就是狼"。这里的价值观与我们所熟知的纳粹哲学没什么两样。

攻击型患者拒绝真正的同情和友好,也拒绝这两种品质的赝品——顺从和讨好，这种倾向自有其主观逻辑。但如果我们认为他分辨不出两者的区别，那就大错特错了。当他遇到某种确实友好而强大的精神时，他是能够识别并尊重这种精神的。关键在于，他认为对此严格区分并不符合他的利益。在他看来，这两种态度都是他生存斗争中的障碍。

可是，他为什么要排斥人性温柔的一面呢？为什么他会厌恶别人深情的举动呢？为什么别人在他觉得不合适的时候表达同情，会让他如此鄙夷呢？他的行为就像拼命把乞丐从自家门前赶走，因为见到乞丐的惨状会让他伤心不已。他确实可能会对乞丐不客气：即使是最简单的需求，他也可能断然拒绝。像这样的反应是他的典型特征，在分析过程中，当他的攻击倾向变得不那么刚性，可以很容易观察到它们。事实上，他对别人的"温柔"有着十分复杂和矛盾的感受。他鄙视别人的"温柔"，但又欢迎这种感觉，因为这可以使他更加自由地追求自己的目标。除此之外，还有什么原因会让他经常感觉被顺从型的人吸引呢，就像后者也经常被他吸引一样？

他的反应之所以如此极端，是因为他需要对抗自己内心所有的温柔。尼采给了我们一个很好的例子：他描写的超人把任何形式的同情都当作"第五纵队"，即一个从内部搞破坏的敌人。对这类人来说，"温柔"不仅意味着真正的爱、同情和类似的情感，还意味着顺从型患者的需求、情感和准则中所隐含的一切。就乞丐的例子而言，攻击型患者的内心会产生一种真正的同情，想要满足乞丐的要求，感觉应该给予帮助；但他还感受到一种更强烈的需要，那就是赶走所有这些感觉，结果他不仅拒绝施舍，而且还破口大骂。

为了将不同的驱力融合在一起，顺从型患者寄希望于爱，攻击型则寄希望于别人的认可。被人认可,不仅实现了他需要的自我肯定,而且还提供了另一个诱惑,那就是被人喜欢,从而才能反过来喜欢上别人。因此,被认可似乎为他的冲突提供了解决之道,成了他拼命追求的海市蜃楼。

攻击型患者斗争的内在逻辑与顺从型患者基本相同,因此这里只需要简要说明。对攻击型来说,任何同情的感觉、"善良"的义务或顺从的态度,都与他所构建的整体生活结构不相容,并且会动摇它的根基。而且,这些矛盾倾向的出现还会使他面对自己的基本冲突,从而摧毁他精心培育的统一的组织。其结果就是,对温柔倾向的压抑将会增强攻击性倾向,使它们更加不由自主。

基本冲突的内涵

如果我们对讨论过的两种类型留有深刻印象,就会明白它们其实代表了两个相反的极端:一方想要的,正是另一方讨厌的;一方不得不喜欢所有人,另一方则把所有人都视为潜在的敌人;一方不惜一切代价避免斗争,另一方则发现好斗是自己的天性;一方紧抓着恐惧和无助不放,另一方则努力消除恐惧和无助;一方朝着人道主义理想前进(当然是神经质的),另一方则朝着丛林哲学前进。但自始至终,这两种模式都不是自由选择的:每一种都是强迫性的、僵化的,都受到了内在需要的驱使。它们之间没有可以妥协的第三条路可走。

讨论过两种类型的人格之后,现在可以考虑下一步骤了,我们讨论的目的也正是在此。我们试图发现基本冲突的内涵,到目前为止,我们看到了冲突的两个方面在两种不同的人格类型中占主导地位。现在我们要采取的步骤是：设想一个人，在他身上，这两种对立的态度和价值观都在起作用。很明显，这个人将会被冲突无情地推向两个截然相反的方向，以至于他根本无法正常发挥功能。事实上，他将会分裂乃至瘫痪，没有任何能力采取行动。正因为他努力去消除其中一个类别，才使他落入我们所描述的第一种或第二种类型；这是他试图解决内心冲突的方法之一。

在这种情况下，像荣格那样称其为片面的发展显然是不充分的。这充其量只是形式上正确的表述。但因为它是基于对内心动力的误解，所以其内涵也是错的。当荣格从片面发展这一概念出发，进而提出在治疗中必须帮助患者接纳他的对立面时，我们会说：这怎么可能？患者并不能接受它，最多只能认识到它。如果荣格期望这一步能使患者成为一个完整的人，我们应该回答，这一步对于最终的整合当然是必要的，但它本身仅仅意味着让患者面对他一直回避的冲突。荣格的问题在于，他没有正确评估神经症倾向的强迫性。在"亲近人"和"对抗人"之间，并不仅仅是强和弱的区别，或者像荣格所说的，男性气质和女性气质的区别。我们所有人都有顺从和攻击的潜在倾向。如果一个人没有被强迫着去努力抗争，他会达到某种程度的人格整合。然而，如果这两种模式都是神经质的，它们就会对我们的成长有害。两件不合意的东西加在一起并不能成为一个合意的整体，两个相互冲突的部分在一起也不会构成一个和谐的整体。

第五章 对人回避

渴望一种有意义的独处，绝对不是神经症的表现。恰恰相反，大多数神经症患者都无法深入自己的内心，缺乏建设性的独处本身就是一种神经症迹象。只有当人际交往中出现了令人无法忍受的紧张，独处成了主要的逃避手段时，它才是神经症回避的表现。

基本冲突的第三个方面是对远离人群的需要,也就是"回避人"的需要。在研究"回避人"占主导地位的类型之前,我们必须理解什么是神经症回避。显而易见,它不仅仅是指人们偶尔需要独处。每个认真对待自己和生活的人都会有独处的需要。现代文明已经吞噬了我们的外在生活,使我们几乎不了解独处的需要。古往今来的哲学和宗教都一直强调,独处有助于实现个人价值。渴望一种有意义的独处,绝对不是神经症的表现。恰恰相反,大多数神经症患者都无法深入自己的内心,缺乏建设性的独处本身就是一种神经症迹象。只有当人际交往中出现令人无法忍受的紧张,独处成了主要的逃避手段时,它才是神经症回避的表现。

回避型人格的特征

极度孤僻的人会表现出一些怪癖,以至于精神病学家认为这些特征是回避型患者所独有的。其中最明显的是,患者对别人的普遍疏远。这一点之所以引起我们的注意,是因为他对此特别强调,但实际上,他的疏远并不比其他类型的神经症更严重。例如,就我们前面讨论的两种类型来说,我们无法判断哪一种对人更加疏远。我们只能说,对顺从型患者而言,这种特征被隐藏起来了。当顺从型患者发现自己疏远别人时,他会感到惊讶和害怕,因为他迫切需要亲近感,这使他急于相信自己与他人之间没有隔阂。说到底,与他人疏远,只是人际关系障碍的一种迹象,这种情况存在于所有的神经症中。疏远的程度更多取决于神经症的严重程度,而不是神经症的类型。

另一个经常被认为是回避型所独有的特征是对自我的疏远,也就是对情感体验的麻木,不确定自己是谁,对自己的爱恨、欲望、希望、恐惧、厌恶和信仰也不确定。这种对自我的疏远,其实也是所有神经症的通病。每一个神经症患者都像是一架由遥控器控制的飞机,注定要与自己失去联系。回避型患者很像传说中的海地僵尸——他们虽然死了,但可以被巫术唤醒,可以像活人一样工作,但他们没有生命。相对来说,其他类型的患者会有比较丰富的情感生活。既然存在这样的情况,我们就不能认为自我疏远是回避型所特有的。所有回避型患者真正的独特之处在于:他们能以一种客观的兴趣来观察自己,就像观赏一件艺术作品一样。也许对他们最好的描述是:他们对待自己和对待生活是一样的,都是一种"旁观者"的态度。因此,他们常常是自我内心活动的出色观察员。一个突出的例子就是,他们经常对自己梦中的象征有着惊人的理解力。

最重要的是,他们需要与自己、与别人保持情感上的距离。更准确地说,他们有意或无意地决定不以任何方式与他人有情感上的关系,无论是爱情、争斗、合作,还是竞争。他们像是画了一个魔法圈把自己保护起来,任何人都不得擅自闯入。这就是为什么从表面上看,他们还能与人"相处"。但是,当外界侵犯他们设置的界限时,这种强迫性的需要便会表现在他们的焦虑反应中。

他们所有的需要和品质都直接指向一个最主要的需求:不参与。其中最显著的特征就是自食其力的需要,这种需要给人最明显的印象是足智多谋。攻击型患者也会表现出足智多谋,但两者的精神气质不同。对攻击型而言,足智多谋是他在一个充满敌意的世界中生存的先决条件,他需要在斗争中打败别人。而对于回避型,这种精神更像是鲁滨孙①的风格:他必须足智多谋才能生存下去,这是弥补他因孤立带来的劣势的唯一办法。

还有一种更危险的自食其力的方法,就是有意或无意地限制自己的需要。如果我们还记得回避型的基本原则,即永远不要过分依恋任何人或事,而使他(她)或它变得不可或缺,那么我们就能更好地理解患者在这方面的各种行动。因为强烈的依恋会危及他离群索居的状态,所以最好什么都不要介入。举个例子,一个回避型的人或许能够真正地享受快乐,但如果这种快乐会以任何方式令他产生依赖,那么他宁愿放弃它。他可以偶尔和几个朋友小聚一下,但他并不喜欢频繁的聚会或社交。同样,他也极力避免竞争、名望或成功。他常常控制自己的饮食和生活习惯,不想花费太多的时间和精力去赚钱维持。他可能非常讨厌生病,认为它是一种耻辱,因为病痛迫使他去依赖别人。在学习任何知识时,他可能都坚持获取第一手资料。例如,如果他想要了解俄罗斯,他不会听信别人的话,他会亲自去听、去看。

---

① 鲁滨孙,小说《鲁滨孙漂流记》中的主人公。——译者注

这种态度只要不发展到荒谬的程度,比如在陌生的地方拒绝向别人问路,它还是有助于形成良好的内心独立。

回避型患者另一个明显的需求是他对隐私的需要。他就像一个住在酒店房间里的客人,房门上总是挂着"请勿打扰"的牌子。有时,甚至书籍也被他视为外来的入侵者。任何对他个人生活的询问都会让他吃惊,他倾向于给自己披上一层神秘的面纱。一位患者曾告诉我,在他 45 岁的时候,他仍然憎恨上帝的全知全能,因为小时候母亲告诉他,上帝可以透过百叶窗看到他在咬指甲。这位患者现在连生活中最琐碎的细节也不愿透露。一个回避型患者,如果别人没有对他另眼相看,他可能会非常生气,因为这让他感觉自己不受重视。一般情况下,他更喜欢一个人工作、睡觉和吃饭。与顺从型患者截然相反,他不喜欢与人分享任何经验,因为其他人可能会打扰他。即使是听音乐、散步或与人交谈,他真正的享受也是在事后,在回味中而非在当时。

自食其力和保护隐私都满足了他最突出的需要,即完全独立的需要。他自认为这种独立具有积极的价值。毫无疑问,这在某种程度上的确如此。不管回避型患者有什么缺陷,他都不会是一个受人摆布的傀儡。他拒绝盲目跟风,不参与任何竞争,这种态度确实赋予了他某种正直的形象。这里的荒谬之处在于,他只是为了独立而独立,而忽略了一个事实:独立的价值完全取决于它如何被利用。回避型患者的独立,是他整个避世现象的一部分,带着一种消极的倾向;其目的是不想受到影响、胁迫、束缚、约束。

与其他神经症倾向一样,回避型患者对独立的需要也具有强迫性和盲目性。它表现为患者对任何类似强制、影响和义务的东西都特别敏感。这种敏感程度恰好是衡量回避程度的一个很好的指标。患者对约束的感觉因人而异。有人难以忍受身体上的压迫,比如衣领、领带、腰带、鞋子会让他感到束缚;有人难以忍受视线上的阻挡,比如待在隧道或矿井里会让他更加焦虑。虽然这种敏感不能完全解释幽闭恐惧症,但至少在其中发挥了作用。回避型患者会尽可能地回避长期的责任,比如,签订合同、签订长期租约、履行婚约,这些事对他来说都非常困难。在任何情况下,婚姻对于回避型患者来说,都是一个危险的主张,因为它涉及人类的亲密关系,不过,由于患者需要被保护或者相信伴侣会适应他的个性,婚姻在他心中的风险可能会降低。我们经常见到回避型患者在婚礼之前陷入恐慌。时间的无情流逝也会让回避型患者感受到威胁;每天上班习惯迟到五分钟,就是为了维持一种自由的幻觉。交通时刻表对他来说也是一种威胁;回避型患者会喜欢这样的故事:某人拒绝看时刻表,想什么时候去火车站就什么时候去,如果错过了,宁愿等下一班火车。如果别人期望他做某事或以某种方式做事,他就会感到不安并且想要反抗,不管这种期望是别人实际表达的,还是仅仅是他自己臆想的。例如,他可能平常喜欢送人礼物,但会忘记生日或圣诞礼物,只因为别人对他有所期待。对他来说,遵守公认的行为准则或传统的价值观也会令人不悦。为了避免摩擦,他可能会表面上遵从,但在内心深处,他会顽固地拒绝所有传统的规则和标准。最后,他会认为别人的忠告也是一种控制,即使符合自己的心意,他也会予以抵制。在这种情况下,他的反抗也可能出于一种有意或无意的愿望,那就是挫败别人。

对优越感的需要,虽然是所有神经症的特征,但我在此加以强调,是因为它与回避型有着内在的联系。像"象牙塔"和"曲高和寡"这两个词就证明了,即使在日常说法中,优越与回避也几乎总是紧密相连的。也许没有人能够忍受孤立,除非他真的特别强大和足智多谋,或者感觉自己出类拔萃。临床经验也证实了这一点。当回避型患者的优越感被暂时摧毁时,无论是因为实际的失败还是内心冲突的加剧,他都将无法再忍受孤独,而会疯狂地寻求关心和保护。这种动荡在他的一生中会经常出现。在他 20 岁左右的时候,可能有一些不冷不热的朋友,但总的来说,他过着一种孤立的生活,感觉自由自在。他会编织对未来的幻想,那时的他会成就非凡。但后来,这些梦想被现实无情地粉碎。尽管在高中时,他无可争辩地名列前茅,但在大学里,他遇到了激烈的竞争,并且遭遇了失败。他的第一次恋爱也以失败告终。或者随着年龄的增长,他意识到自己的梦想难以实现。然后,孤独变得令他难以忍受;在某种强迫性力量的驱使下,他开始渴望人类的亲密、性关系和婚姻。只要有人爱他,他宁愿卑躬屈膝。当这样的人来接受心理分析时,他的回避虽然很明显,但分析师却帮不了他,因为他最想要的是分析师帮他找到某种爱。只有当他感到自己足够强大时,他才会如释重负地发现,他更愿意"过着自己喜欢的孤独生活"。虽然在外人看来,他好像回到了过去的回避状态,但事实上,这是他第一次有足够坚实的基础来承认——甚至是对自己承认——孤独才是他真正想要的。这个时候,正是我们分析他的回避的恰当时机。

回避型患者对优越感的需求具有某种独特之处。由于讨厌竞争,他并不想通过不懈的努力来真正超越别人。相反,他认为自己内心的宝藏应该人人知晓,不需要他做出任何努力;他潜藏的伟大应该人人能感觉到,不需要他采取任何行动。例如,他的梦中可能会出现这样一幅景象:某个偏远的村庄里埋有大量的宝藏,鉴赏家不远千里地赶来,只为一睹宝藏的风采。与所有的优越感一样,这个梦也包含着现实的元素,即那些深埋的宝藏象征着他用魔法圈保护起来的理智和情感。

回避型患者表达优越感的另一种方式是,他认为自己是独一无二的。这是他想要离群索居、与众不同的直接结果。他可能把自己比作一棵矗立在山顶的大树,而山下的树木却因为彼此干扰而不能茁壮成长。顺从型患者看着同伴,会默默地想:"他会喜欢我吗?"攻击型患者则想知道:"这个对手有多强大?"或者是:"他对我来说有用吗?"而回避型患者最关心的是:"他会不会妨碍我? 他是想影响我,还是会忽视我?"培尔·金特①与那个铸纽扣的人相遇的场景,就完美地象征了一个回避的人被抛入人群时所感受到的恐惧。只要拥有自己的空间,即使是地狱也无妨,但若被抛进一个大熔炉,被铸造或改造成其他模样,这是一件很可怕的事。他觉得自己像一块稀有的东方地毯,图案和色彩均独一无二,且永远不可改变。他为自己不受环境的影响而感到自豪,并决心继续这样下去。一方面,他对自己的不可改变感到得意;另一方面,他把所有神经症固有的僵化奉为神圣的原则。他愿意甚至渴望去精心设计自己的模式,以使其更纯粹、更鲜明,且坚决不允许任何外来因素的介入。正如培尔·金特那一句单纯又荒谬的格言:"做自己就足够了。"

对回避型人格的分析

回避型患者的情感生活并不像其他类型那样,遵循着严格的模式。这一类型的个体差异较大,主要是因为不同于其他两

① 培尔·金特,挪威著名戏剧家易卜生同名戏剧中的主人公,他遇到了一个铸纽扣的人,后者的职责是将那些一生无所事事的人的灵魂铸成纽扣。——译者注

种类型有着积极的目标——顺从型患者追求喜欢、亲密和爱，攻击型患者追求生存、控制和成功，而回避型患者的目标是消极的：他不想参与其中，不需要任何人，不希望别人干涉或影响他。因此，他们的情感状态依赖于在这种消极背景下形成和发展的特殊欲望，而且只会形成少量的回避型所固有的倾向。

回避型患者普遍倾向于压抑所有情感，甚至否定情感的存在。在这里，我想引用诗人安娜·玛利亚·阿尔米（Anna Maria Armi）尚未出版的小说里的一段话，因为它不仅简洁地表达了这种倾向，而且表达了回避型患者的其他典型态度。小说的主人公在回忆他的青春岁月时说："我能想象到一种强烈的生理联系（就像我和我父亲之间），也能体会到一种强烈的精神联系（就像我和我的偶像之间），但我不明白这当中有什么情感，情感根本就不存在——人们在撒谎，就像在很多事上撒谎一样。B女士听到吓坏了，她反问我，'可是你怎么解释牺牲呢？'我先是大吃一惊，觉得她说得有道理；但后来，我断定牺牲只是另一个谎言，即使它不是谎言，也仅仅是一种生理或精神的行为。那时，我梦想着独自生活，永不结婚，梦想着变得强大而平和，不多说话，也不用求人。我想自力更生，越来越自由，为了活得更明白而不再白日做梦。我认为道德毫无意义，只要你是绝对真实的，是好是坏没什么区别。寻求同情或帮助才是最大的罪恶。在我看来，灵魂就像是必须守护的寺院，在它里面总举行着奇怪的仪式，只有寺院里的僧人和守护者才懂。"

回避型患者所拒绝的情感主要是指对他人的情感，包括爱与恨。这是与他人保持情感距离的必然结果，因为有意识地体验到强烈的爱或恨，会使一个人与别人更加亲密或者发生冲突。

沙利文①所说的"距离机制"用在这里再恰当不过了。这并不一定意味着一个人的情感将被压抑在人际关系之外，并在书籍、动物、大自然、艺术、食物等领域中活跃起来。但这种情况有很大的风险。对一个情感丰富的人来说，不压抑自己全部的情感，而只压抑其中一部分（还是最关键的部分），实际上是不可能的。虽然这只是一种推测，但下述内容肯定是真实的。那些回避型的艺术家在其创作时期，不仅能够深刻地体会情感，而且能够将其表现出来；这些人往往经历过这样一个阶段，通常是在青少年时期，情感完全麻木或否定所有情感，就像上文所引用的那样。在经历了一些灾难性的建立亲密关系的尝试后，他们有意或自发地去过一种与世隔绝的生活，也就是说，当他们有意或无意地与他人保持一定的距离，或者选择了一种孤独的生活时，创造力似乎就会活跃起来。现在，在与别人保持安全距离的情况下，他们就能够释放和表达与人际关系没有直接联系的大量情感，这一事实表明，他们早年对所有情感的拒绝是实现他们孤独的必要条件。

人际关系之外的感情受到压抑还有另一个原因，在我们讨论自食其力时已经提到。任何欲望、兴趣或快乐，只要有可能使回避型患者产生依赖，都会被他视为对自己的背叛，并因此受到抑制。在允许感情充分流露之前，他必须仔细检查每一种情境，防止可能因此失去自由。任何对独立的威胁都会导致他在情感上的退缩。但是，当他发现一个相对安全的环境时，他就可以去尽情享受。梭罗(Thoreau)的《瓦尔登湖》(Walden)就是一个很好的例子，说明了在这种情况下有可能产生深刻的情感体验。

---

① 沙利文(H. S. Sullivan)，美国精神病学家，精神分析社会文化学派代表之一。——译者注

由于害怕过度依恋某种快乐，或者间接地被侵犯到自由，患者有时几乎成了一个苦行僧。但这是一种特殊的禁欲主义，其目的并不是自我否定或者自我折磨。我们更愿意称之为自我约束，如果认同这种自我约束的前提，还会发现它颇有几分智慧。

在某些领域能实现自发的情感体验，对患者的心理平衡是很重要的。例如，创造力可能就是一种救赎。如果创造力的表达曾受到抑制，但通过分析或其他体验得到了解放，那么对回避型患者会有非常大的好处，就像发生了治疗的奇迹。但是，在评估这些治疗方法时要慎重行事。首先，对它们做任何概括都是错误的：对回避型患者来说可能意味着救赎，但对其他类型并不一定有这样的效果。甚至对他自己来说，这也不是一种严格意义上根治神经症的"治疗"。它只不过是让患者的生活多了些满足、少了些困扰罢了。

患者越是抑制情绪，就越可能强调理智的重要性。他期望一切都可以通过纯粹的理性力量来解决，好像只要认识到自己的问题，就足以解决它们。或者，单凭理性就好像能够解决世界上所有的麻烦。

回顾我们对回避型患者人际关系的所有讨论，可以清楚地看到，任何亲密、持久的关系都必然会危及他的离群索居，并因此带来灾难性的后果——除非他的伴侣跟他一样回避，跟他一样需要与人保持距离；或者出于某种原因，愿意并且能够适应他的需要。在戏剧《培尔·金特》中，一直痴情地等待培尔·金特归来的女主人公索尔维格（Solveig），就是这样一位理想的伴侣。索尔维格对培尔·金特没有任何期望，因为他会被别人的期望吓到，就像他被自己的情绪失控吓坏一样。大多数时候，培尔·金特并不知道自己给予的是多么少，还以为已经把对自己无比珍贵的东西——未曾体验、未曾表达的情感，都献给了索尔维格。只要保证足够的情感距离，他就能够保持某种程度的持久忠诚。也许他能拥有一些热烈而短暂的关系，但总是来得快去得也快。这些关系非常脆弱，任何风吹草动都可能加剧他的退缩。

对他来说，性关系就像一座与他人沟通的桥梁，可能意义非凡。如果这种关系是短暂的，不会影响他的生活，那么他会很享受它们。他认为这种关系应该受到限制，只能算作逢场作戏。另一方面，他可能养成了异常冷漠的态度，不允许任何人擅自靠近。所以，他会用想象的关系来代替真实的关系。

我们所描述的所有特征都会出现在分析过程中。当然，回避型患者讨厌分析，因为这无疑是对他私生活的最大侵犯。但他对观察自己很感兴趣，甚至着迷于此，因为分析师让他看到了自己内心的复杂过程，为他打开了更广阔的视野。他可能会被梦境的艺术气质或者天马行空的想象所吸引，他乐于为自己的假设寻找证据，就像科学家致力于真理的发现。他很感激分析师对他的关注，并指出这里或那里的问题，但他讨厌被催促或"驱使"前往他未曾预见的方向。他会经常指出分析中给出的建议有危险性——尽管实际上这些建议对他的危险性远远小于其他类型的患者，因为他早已准备好抵御"影响"。他不去验证分析师的建议是否合理，不以理性的方式捍卫自己的立场，而是像平常一样，倾向于盲目地（尽管间接地、礼貌地）拒绝所有的建议，只要它们与他对自己和生活的看法不一致。

他发现，特别令人讨厌的是，分析师竟然期望他做出任何改变。当然，他想要摆脱困扰他的东西，但不能因此改变他的性格。他乐此不疲地观察着自己，同时又无意识地决定保持现状。

他对一切影响的蔑视只是他态度的原因之一，而且不是最深层的原因；其他原因将在后文中探讨。他和分析师之间自然而然地拉开了很大的距离。在很长一段时间内，分析师只是一个遥远的声音。在他的梦中，分析的场景可能表现为两个相隔千里的记者在打长途电话。乍一看，这样的梦似乎表达了他对分析师和分析过程的疏远感——这只不过准确地呈现了他意识中的态度。但是，因为做梦是在寻求一种解决之道，而不仅仅是描述现有的感受，所以这个梦的深层含义实际上是，希望远离分析师和整个分析过程，不让它们入侵自己的世界。

最后一个在分析内外均可观察到的特征是，当回避型患者受到侵犯时，他在抵抗时会表现出巨大的活力。这一点也许适用于所有的神经症，但回避型患者的抵抗似乎更加顽强，为此调动一切资源，几乎把它当作一场生死搏斗。其实，在回避型患者受到威胁之前，这场战斗早已暗中以破坏性的方式开始了。他将分析师隔离在外只是其中一个阶段。如果分析师试图让患者相信他们之间存在某种关系，并因此对患者产生一些影响，那么分析师会遇到一种费尽心机而又彬彬有礼的否认。患者充其量会向分析师表达一些理性的看法，即便出现了自发的情绪反应，他也不会任其继续发展。此外，分析任何与人际关系有关的东西都会让患者自发产生抵触情绪。他与别人的关系是如此暧昧，以至于分析师很难对它们有清晰的认识。患者的这种不情愿是可以理解的。他一直与别人保持着安全的距离，谈论这个话题只会让他心烦意乱。如果分析师反复追问这个问题，可能会引起他的公然质疑。分析师是想让他变得合群吗？（对他来说，这简直卑鄙至极）如果在分析过程的后期，分析师成功地向他展示了回避的某些明显缺陷，患者会变得恐慌和易怒。此时，他可能会考虑退出分析。

在分析之外,患者的反应更为暴力。如果他们的超脱和独立受到威胁,这些平时安静和理性的人可能会大发脾气,甚至会恶语相向。一想到要真正加入任何活动或职业团体,不仅仅是交会费那种,就可能会引起他们明显的恐慌。如果他们真的卷入其中,可能会失去方向地横冲直撞,以求早日逃脱。他们比生命受到攻击的人更善于寻找逃跑的方法。如果要在爱情和独立之间做出选择,就像一位患者说的那样,他会不假思索地选择独立。这就引出了回避型的另一个特点。他们不仅愿意用一切可能的手段来捍卫独立,而且为此做出多大的牺牲都心甘情愿。他可以将外在利益和内在价值全部都抛弃——在意识层面,他把任何干扰独立的欲望都抛在一边;在无意识层面,他自动地把这些欲望压制下去。

神经症回避的功能

任何被强烈捍卫的东西必然拥有独一无二的价值。只有认识到这一点,才有希望理解回避的功能,并最终对治疗有所助益。正如我们看到的,每一种对待他人的基本态度都有积极的一面。在"亲近人"的态度中,一个人试图为自己创造一个友好的世界;在"对抗人"的态度中,他为自己能够在激烈竞争的社会中生存而做准备;在"回避人"的态度中,他则希望获得某种程度的平静和安宁。实际上,这三种态度对人类的发展不仅是可取的,而且是必需的。只有当它们出现在神经症的结构中并发挥作用时,它们才会变得僵化、强迫和盲目,并且相互排斥。虽然这在很大程度上损害了它们的价值,但并不会让其一无是处。

回避带来的好处有很多。有意思的是，在所有的东方哲学中，人们都对孤独孜孜以求，把它视为高级精神追求的基础。当然，我们不能把这种追求与神经症回避相提并论。前者出于人们自愿的选择，被当作自我实现的最佳途径；那些选择孤独的人，如果愿意的话，还可以选择另一种生活。而神经症回避并不是患者自由选择的，而是出于内心的强迫，是他唯一可能的生活方式。尽管如此，它仍然能给患者带来好处，只是具体要视神经症的严重程度而定。虽然神经症具有巨大的破坏性，但回避型患者仍会保持一定的正直。在一个人际关系友好真诚的社会里，这一点可能没什么影响；但在一个充满伪善、欺诈、嫉妒、残忍和贪婪的社会里，一个柔弱、正直的人很容易受到伤害，而与人保持距离则有助于维护这种正直。此外，神经症通常会剥夺一个人内心的平静，而回避可以提供一条抵达安宁的途径，安宁的程度取决于他愿意做出多大的牺牲。另外，回避还允许他拥有一些独创性的想法和感受，只要他在魔法圈内的情感生活还没有完全麻木。最后，所有这些因素，加上他对世界的深沉思考和相对不受打扰，都有助于他发展和表达创造性的能力，如果他有这种能力的话。我并不是说神经症回避是创造的前提条件，但在神经症的压力之下，回避可以为表达创造力提供最佳的机会。

尽管回避有这么多好处，但这似乎不是患者拼死捍卫它的原因。实际上，就算这些好处因为某种原因变得微不足道，或者被伴随的烦恼所抵消，患者还是会拼死捍卫它。这一观察结果将我们引向了更深的层面。如果回避型患者被迫与人亲密接触，他可能很容易崩溃，用通俗的术语来说，就是"神经衰弱"（nervous breakdown）。我使用这个术语是经过深思熟虑的，因为它包括了许多精神紊乱的现象，比如：功能失调、酗酒、自杀企图、抑郁、工作能力丧失、精神病发作，等等。不仅是患者本人，有时还有精神病学家，都倾向于把这种精神紊乱归因于某些发生在"崩溃"之前的事件。比如，上级待人不公正，丈夫出现婚外情，妻子比较神经质，有过同性恋经历，在大学里不受欢迎，以前养尊处优而现在要自食其力，这些事件都可能被归为诱因。确实，这些问题都是诱发因素。治疗师应该认真对待，尽可能弄清楚是什么因素引发了患者的问题。但这样做还不够，因为问题在于：为什么患者会受到如此强烈的影响？为什么看起来普通的挫折和烦恼竟会打破他的整个心理平衡？换句话说，即使分析师理解了患者对某个困扰做出的反应，但他仍然需要了解，为什么这个反应与刺激如此不相称。

为了回答这个问题，我们可以先指出这一事实：与回避有关的神经症倾向，与其他神经症倾向一样，只要它能起作用，就会给患者安全感；反过来说，当它不起作用时，患者就会产生焦虑。只要能与别人保持一定的距离，回避型患者就会感到相对的安全。如果出于某种原因，有人侵入了他的"魔法圈"，他就会感受到威胁。这一考虑使我们更能理解，为什么在不能与别人保持情感距离时，回避型患者就会变得恐慌。我们还应该补充一句：他之所以如此恐慌，是因为他缺乏应对生活的技巧。在某种程度上，他只能保持超然的态度，对生活敬而远之。在这里，回避型的消极品质再次给这幅画面增添了一种色彩，让它不同于其他的神经症倾向。

更具体地说，在困难面前，回避型患者既不顺从，也不斗争；既不合作，也不控制；既不热情，也不冷酷。他就如同一只困兽，只有一种对付危险的方法，那就是逃避和躲藏。在患者的想象或梦境中，可能出现这样的画面：他就像锡兰国的侏儒族（pyg-mies），只要在森林里，就能战无不胜，出了森林就不堪一击。他又像一座中世纪的城堡，只有一堵围墙在守护着安全，如果这堵围墙被攻破，整个城堡对敌人就毫无防备了。这样的场景充分解释了他为什么总对生活感到焦虑。这也有助于我们理解，他为何把离群索居作为一种全面的自我防御，紧紧抓住不放，且不惜任何代价去捍卫它。从本质上说，所有的神经症倾向都是自我防御，但其他倾向包括了患者以积极的方式应对生活的尝试。然而，当离群索居成为主导倾向时，它会使一个人在现实生活中变得很无助，到最后，它的防御特性成了最重要的特征。

但是，回避型患者拼命地捍卫独立，还有一个更深层次的解释。对独立的威胁，对"攻破围墙"的担心，通常不仅仅意味着暂时的恐慌，它可能还会导致精神病中的人格解体。如果在分析过程中，回避的状态被打破，患者不仅会感到不安，还会直接或间接地表现出恐惧。例如，患者可能会害怕被淹没在茫茫人海中，这主要是害怕失去自己的独特性。患者还会担心，由于毫无防御能力，他会无助地暴露在攻击者的胁迫和控制之下。但他还有第三种恐惧，那就是害怕精神错乱（insane），其表现可能非常明显，以至于他需要确保没有这种可能性。这里的精神错乱并不意味着发疯，也不是因为不想承担责任。它直接表达了对人格分裂的恐惧，后者常常出现在梦境和联想中。这意味着，放弃他的回避将使他面对自己的矛盾；他可能会无法生存，就像一棵被闪电劈开的树——这是一位患者的意象。这一假设已经被其他观察所证实。极度回避的人对内心冲突有一种几乎无法克服的厌恶感。他们会告诉分析师，自己完全不知道分析师说的冲突是什么。每当分析师成功地向他们指出一种内心冲突，他们都会巧妙地、不动声色地避开这一话题。如果他们在还没有做好准备前,不经意地认识到冲突的存在,他们就会陷入严重的恐慌之中。后来,当他们在更安全的情况下认识到冲突时,将会表现出更严重的回避倾向。

因此,我们得出了一个结论,乍看之下会令人困惑:回避是基本冲突的固有部分,但它也是对抗冲突的一种措施。如果说得更具体一点,这个谜题会自行解开。回避是患者在保护自己,对抗基本冲突中更积极的那两个部分。在此,我们必须重申一下,一种占主导地位的基本态度并不妨碍其他相互矛盾的态度的存在和活动。我们在回避型人格中,可以比在另外两种类型中,更清楚地看到各方力量轮番上演。首先,在患者的人生历程中,经常表现出矛盾的斗争。在他明确接受自己是回避型之前,这类人往往会经历顺从和依赖的阶段,也会经历攻击和叛逆的阶段。与另外两种类型明确的价值观相比,回避型患者的价值体系充满了矛盾。除了对他所认为的自由和独立给予高度评价之外,他在分析中有时会对人性中的善良、同情、慷慨和自我牺牲表示极度赞赏,有时又会转向冷酷的、利己主义的丛林哲学。他自己可能对这些矛盾感到困惑,但他会试图用一些合理化的方式否认它们的矛盾性。如果分析师对这整个结构没有清晰的认识,就很容易感到困惑不解。他可能会尝试各种方法,但哪个方向都无法深入,因为患者会一而再、再而三地躲进他的避难所,然后封闭所有的入口,就像关闭一艘船的水密舱壁一样。

在回避型患者特殊的"对抗"背后,潜藏着一个完美而简单的逻辑。他不想让自己与分析师有什么瓜葛,也不想把分析师当作一个活生生的人。他根本就不想分析自己的人际关系,也不想面对自己的冲突。如果理解了他的假设,我们就会发现,他甚至对分析这些因素根本不感兴趣。他的假设是,只要与别人保持安全的距离,就不需要担心自己与他们的关系;只要远离别人,这些关系中的困扰就不会成为他的困扰;甚至分析师所指出的冲突,也可以(而且应该)被搁置起来,因为这些冲突只会让他烦躁;没有必要把事情弄清楚,因为他无论如何都不会改变自己的回避态度。正如我们所说的,这种无意识的推理在逻辑上是正确的,至少在一定程度上如此。然而,他忽略并长期拒绝承认的事实是,他不可能在真空中成长和发展。

因此,神经症回避最重要的功能,就是阻止主要冲突发挥作用。这是患者应对冲突最彻底也是最有效的防御。作为众多制造虚假和谐的神经症方式之一,它尝试通过逃避来解决问题。但这并非真正的解决之道,因为患者对于亲密关系,以及控制、利用和超越他人的强迫性渴望仍然存在,这些需求继续骚扰着当事人,甚至使他无法行动。最终,只要相互矛盾的价值观继续存在,他就永远无法获得真正的内心平静或自由。

第六章 理想化形象

真正的理想是动态化的，会激发人们去努力接近它，是人们的成长和发展不可或缺的宝贵力量。而理想化形象则是个人成长路上的绊脚石，因为它要么否定缺点，要么只是谴责它们。真正的理想造就谦虚，而理想化形象让人盲目自大。

　　讨论完神经症患者对待他人的基本态度,我们了解到他们试图解决冲突,或者更准确地说,是他们应付冲突的两种主要方法。其一是压抑人格中的某些方面,而表现它们的对立面;其二是让自己与他人保持一定的距离,从而使冲突不起作用。这两种方法都能给患者带来统一感,使其作为一个整体发挥功能,即使这对他来说要付出相当大的代价。[①]

　　这里要描述的是患者更进一步的尝试:他会创造一个自己心中理想的形象,也就是他觉得自己能够或应该成为的样子。无论是有意识的,还是无意识的,这一形象总是在很大程度上脱离现实,不过它对患者生活的影响却是真实的。更重要的是,这一形象总是讨人喜欢的。就像《纽约客》杂志上一幅漫画描绘的那样:一个体态丰盈的中年妇女,在镜子里看到自己是一个身体苗条的少女。理想化形象的具体特征因人而异,与患者的人格结构有关:有人想要的是美貌,有人在意的是权力、智慧、天赋、

────────────

　　① 赫尔曼·南伯格(Herman Nunberg)在论文《自我的合成功能》(De Synthetische Funktion des Ich)中讨论了这种争取统一完整的问题,载《国际精神分析杂志》,1930 年。

圣洁、诚实，或者任何其他品质。这一形象脱离现实的程度，恰好反映了患者自大的程度。这里的"自大"(arrogance)是取其本意，尽管它经常被认为与"傲慢"同义，但它本意是指冒称(arrogate)自己具有原本没有的品质，或是潜在可能而非实际拥有的品质。这种形象越不切实际，表明患者越脆弱，越需要别人的肯定和认可。如果我们确信自己拥有某种品质，就不需要别人来确认，也不怕被别人质疑；但如果名不副实的品质遭到怀疑，我们就会非常敏感。

在精神病患者的自大妄想中，我们可以看到这种理想化形象最浮夸的表现；但在神经症患者身上，这一形象的特征也大体上相同。虽然不像前者那样脑洞大开，但神经症患者同样认为这一形象就是真实的。如果我们把脱离现实的程度作为精神病和神经症之间的区别，那么，这种理想化形象可以被看作是神经症中掺杂了少许的精神病。

从本质上讲，理想化形象是一种无意识的现象。尽管一个普通的外人很容易就看出患者的自我膨胀，但患者本人并不知道他将自己理想化了。他也不知道这一理想化形象中包含了多少怪异的特点。他可能会隐约地感到他对自己提出了过高的要求，但他错把这种完美主义的要求当成了真正的理想，他丝毫没有质疑这些要求的正确性，反而为它们感到相当自豪。

患者的理想化形象如何影响他对自己的态度因人而异，主要取决于他关注的焦点。如果患者关注的是说服自己他就是那个理想化形象，他就会发展出这样的信念：他实际上就是一个足智多谋、完美无缺的人，甚至连他的缺点都是非凡的。[①] 如果患

---

① 参见安妮·帕里什(Anne Parrish)的《跪拜》(*All Kneeling*)，载《第二个伍尔科特读者》(*The Second Woollcott Reader*)，花城出版公司，1939年版。

者关注的是现实中的自我,而这个现实自我与理想化形象相比是非常卑劣的,那么他就会发展出明显的自我贬损行为。由于这种贬损产生的自我形象与理想化形象一样不切实际,我们可以恰如其分地称它为"矮化形象"。最后,如果患者关注的是理想化形象和真实自我之间的差异,我们就会看到他孜孜不倦地试图填补这种差距,鞭策自己达到完美。在这种情况下,他会以惊人的频率重复"应该"一词。他不断地告诉我们,他应该感受到什么,应该想到什么,应该做什么。他像天真的"纳喀索斯"(自恋者)一样,认为自己天生就是完美的,他相信只要对自己更严格、更克制、更机警、更谨慎,他就可以成为一个完美的人。

与真正的理想不同,理想化形象是静止不动的。它并不是一个人可以奋斗实现的目标,而只是他崇拜的一个固定理念。真正的理想是动态化的,会激发人们去努力接近它,是人们的成长和发展不可或缺的宝贵力量。而理想化形象则是个人成长路上的绊脚石,因为它要么否定缺点,要么只是谴责它们。真正的理想造就谦虚,而理想化形象让人盲目自大。

理想化形象的功能

无论如何界定理想化形象,它其实早已被人们认识到了,古往今来的哲学著作中都有所提及。弗洛伊德把它引入神经症理论,并用不同的名字来称呼它:自我理想、自恋、超我。它也是阿德勒心理学的中心论题,他将其描述为对优越感的追求。如果要指出这些观点和我的观点的异同,可能会让我们离题太远。[①]
简单地说,所有这些理论都只涉及了理想化形象的某个方面,而
没有观察到整个现象。因此,尽管弗洛伊德、阿德勒和许多其他
学者,包括弗朗茨·亚历山大(Franz Alexander)、保罗·费登
(Paul Federn)、伯纳德·格鲁克(Bernard Glueck)和欧内斯特·
琼斯(Ernest Jones),都对此发表过重要的观点,但这一现象及其
功能的全部意义仍未得到充分认识。那么,它的功能是什么呢?
很明显,它满足了神经症患者最关键的需求。不管各位学者如
何从理论上解释它,他们都同意这一点:理想化形象就是神经症
的大本营,其地位难以撼动与削弱。比如,弗洛伊德就认为,根
深蒂固的"自恋"是心理治疗中最大的障碍。

第一,我们先来谈谈它最基本的功能,即理想化形象取代了
真正的自信和骄傲。一个最终患上神经症的人,几乎没有机会
建立人生最初的自信,因为他遭受了许多令人崩溃的经历。即
使他有那么一点自信,在神经症的发展过程中也会不断被削弱,
因为自信赖以存在的条件总是被破坏,而它们在短时间内又难
以重塑。其中最重要的因素是,一个人情绪能量的活跃性和可
用性、一个人自己真正目标的发展,以及在自己的生活中发挥主
动性的能力。无论神经症如何发展,这些因素都很容易被破坏。
神经症倾向会损害患者的决断力,因为患者是被驱使着,而不是
主动做出决定的。而且,患者决定自己人生道路的能力,还因为
他对别人的依赖而不断被削弱,不管这种依赖以何种形式出
现——盲目地反抗,盲目地想要超越他人,还是盲目地想要远离

---

① 对弗洛伊德的自恋、超我、罪疚感等概念的批评,参见卡伦·霍尼的《精神分析
的新方向》,1938年版;另参见埃里希·弗洛姆的《自私与自爱》(*Selfishness and Self-
Love*),载《精神病学杂志》,1939年。

他人。此外,通过压抑大量的情绪能量,患者的情感几近瘫痪。所有这些因素使他几乎不可能制定自己的目标。最后但同样重要的是,基本冲突造成了患者内心的分裂。由于被剥夺了坚实的根基,神经症患者只能夸大自己的重要性和权力感。这就是为什么患者对自己无所不能的信念,是理想化形象中永远存在的成分。

第二,理想化形象的第二种功能与第一种紧密相连。神经症患者并不会在真空中感到脆弱,而是在一个充满敌人的世界中,感觉别人随时会欺骗、羞辱、奴役和击败他。因此,他必须不断将自己与他人进行比较,这样做不是出于虚荣或任性,而是有迫不得已的苦衷。因为在内心深处,他感到自己是软弱和可鄙的(后面会讨论这一点),所以他必须寻找让自己感觉更好、比别人更有价值的东西。无论这种感觉是更圣洁还是更无情,更友爱还是更刻薄,他必须在自己心里感到某种程度上的优越感——且不论他还有任何超越别人的动机。在大多数情况下,这种需求都包含了想要超越别人的因素,因为不管是哪种神经症结构,总有一种脆弱性,对轻视和羞辱特别敏感。为了消除这种羞辱感,就需要一种报复性的胜利,这种需要可能主要存在并活动于患者自己的头脑中。它可能是有意识的,也可能是无意识的,但它是神经症患者追求优越感的驱动力之一,并为这种追求赋予了特殊色彩。① 现代文明中的竞争精神通过制造人际关系的纠葛,不仅培养了普遍的神经症,而且特别满足了人们追求卓越的需求。

第三,我们已经看到,理想化形象如何替代了真正的自信和

---

① 参见本书第十二章,施虐倾向。

骄傲，但它还有另外一种替代作用。因为神经症患者的理想充满矛盾，所以它们对患者没有任何约束力；而且它们模糊不清，也无法给予患者任何指引。因此，如果他不努力成为自己创造的偶像，为自己的生活赋予某种意义，他就会感到人生漫无目的。这一点在分析过程中变得尤为明显，当他的理想化形象逐渐受损，他在一段时间内会感到茫然不知所措。直到那时，他才认识到自己在理想问题上的混乱，才开始明白这种理想并不可取。在这以前，不管他嘴上说得多么好听，他其实对整个问题既不理解也没兴趣；而现在，他第一次意识到理想是有真实意义的，并想要探索自己真正的理想是什么。可以说，这种经验恰好证明了理想化形象取代了真正的理想。理解这一功能对治疗有着重要意义。分析师可以在早期指出患者价值观中的矛盾，但他无法指望患者对这个问题有任何积极的兴趣。在理想化形象变得可有可无之前，分析师都无法就此开展工作。

第四，在理想化形象的许多功能中，有一种功能造成了这一形象的刻板僵化。如果我们在私下将自己视为美德或智慧的典范，那么最明显的错误和缺陷都可能消失不见，或者被蒙上一层迷人的色彩——就像在一幅优美的画中，一堵破旧、腐朽的墙壁一改旧貌，在棕色、灰色和红色的美妙组合下容光焕发。

若要进一步了解这种防御功能，我们可以提出一个简单的问题：一个人是如何看待他的缺点或缺陷的？乍一看，这个问题没有任何意义，因为答案有无数种可能。然而，还是有一个相对明确的答案。一个人如何看待他的缺点或缺陷，取决于他接受自己的哪一面，排斥自己的哪一面。然而，在相似的文化环境中，这取决于他的基本冲突中哪个方面占主导地位。例如，顺从型的人不会把自己的恐惧和无助视为缺点，而攻击型的人则会把任何这样的感受视为羞耻,设法对自己和别人隐瞒起来。顺从型的人把自己的敌意、攻击视为罪恶,而攻击型的人则把自己的温柔情感看作可鄙的弱点。此外,每一种类型的人都会不自觉地否认,这一切只是他更易接受的自我做出的伪装。例如,顺从型的人绝对会否认,他并不是一个真正有爱心和慷慨的人;回避型的人则会忽略这一事实,即他的离群索居并不是一种自由选择,而是因为他无法与别人相处。一般来说,这两种类型都会否认自己的施虐倾向(后文将讨论这一点)。因此,我们可以得出结论:被患者视为缺点并加以拒绝的东西,就是与患者待人处事的主导态度不相协调的东西。可以说,理想化形象的防御功能就是否认冲突的存在;这也是为什么它必须不可动摇的原因。在认识到这一点之前,我常常感到困惑,为什么患者无法接受他自己并不重要、并不优越。但从这个角度来看,答案就很明确了。因为承认自己的某个缺点,就意味着他要面对自己的冲突,继而破坏他已经建立的虚假和谐,所以患者寸步不让。由此我们可以发现,冲突的强烈程度与理想化形象的僵化程度是正相关的;如果患者有一个精致和顽固的理想化形象,那么他的内心一定有着极具破坏性的冲突。

第五,理想化形象的最后一个功能同样与基本冲突有关。理想化形象除了掩饰基本冲突中不可接受的部分,还有一种更积极的功能。它代表了患者的一种艺术创作,在这种艺术创作中,对立的事物似乎得到了调和,或者至少对患者而言,它们不再表现为冲突了。下面我将举几个例子说明这是如何发生的。为了避免长篇大论,我仅仅描述当前存在的冲突,说明它们在理想化形象中的表现。

在患者甲的内心冲突中,占主导地位的是顺从倾向,他极其需要爱和赞美，需要被照顾，需要表现出同情、慷慨、体贴和友爱；占第二位的是回避倾向，他讨厌加入群体，强调独立，害怕联结，对胁迫很敏感。这种回避倾向与他对亲密的需求不断发生冲突，并使他与女性的关系一再受到干扰。此外，他也有比较明显的攻击冲动，表现为他在任何情况下都必须力争第一，间接支配他人，时不时利用他们，并且不能容忍任何干扰。当然，这些倾向极大地削弱了他恋爱和交友的能力，也与他的回避倾向格格不入。由于不了解这些冲动，他虚构了一个理想化形象，这一形象是三个人物的合体。首先，他是一个伟大的情人和朋友，是任何女人都最爱的男人，没有人比他更友好和善良。其次，他是那个时代最伟大的领袖，是一位令人敬仰的政治家。最后，他是一位了不起的哲学家、智者，是为数不多的洞察了生命意义的人之一。

这个理想化形象并非完全虚构。患者在所有这些方面都有充分的潜力，但这种潜能被他当成了既定的事实，被他视为伟大和独特的成就。此外，患者内心冲动的强迫性也被掩盖了，取而代之的是他相信自己天赋异禀。本来是对爱和赞许的神经症需求，却被他想象成爱的能力；本来是超越别人的冲动，却被他认为是天生出类拔萃；本来是对离群索居的需要，却被他看成是独立睿智。最后，也是最重要的是，他的冲突通过以下方式被消除了：那些在现实生活中相互干扰、阻碍他发挥潜力的各种冲动，被他提升到不切实际的完美境界，表现为一个丰富人格中兼容的几个面；它们所代表的基本冲突的三个方面，被分别置于他的理想化形象的三个人物中。

　　另一个例子可以更清晰地描述隔离相互冲突的因素的重要性。[①]患者乙的主要倾向是回避，而且是相当极端的回避，包含了前文我们所描述的所有特征。他同时也有很明显的顺从倾向，可是乙本人对此视而不见，因为这与他对独立的渴望实在太不相称。他想要变得非常优秀，这种努力偶尔会冲破压抑的外壳。他能意识到自己对亲密关系的渴望，这种渴望与他的回避倾向不断产生冲突。他只有在自己的想象中，才能发起无情的攻击：他沉溺于大规模破坏的幻想中，恨不得杀死所有干扰他生活的人；他自称信奉丛林哲学，认为强权就是真理，追求私利是天经地义，是唯一明智而不虚伪的生活方式。然而，在现实生活中，他是相当胆小的，只有在某些情况下才会爆发。

　　他的理想化形象是以下人物的怪诞组合。大部分时间，他是一名山间隐士，拥有无限的智慧和平静。偶尔，他又会变成狼人，完全丧失人类情感，一心只想杀戮。这两个不相容的形象似乎还不够，他还是一位理想的朋友和情人。

　　在这个例子中，我们看到了相同的情况：患者对神经症倾向的否定，自我膨胀，把潜能误认为现实。然而，在这个例子中，患者并没有试图调和冲突，矛盾仍然存在。但与现实生活中的冲突相比，它们显得纯洁而未加修饰。因为这些形象独立存在，所以它们互不干扰。这似乎才是问题的关键，冲突就这样被消解了。

　　最后来看一个更为统一的理想化形象的例子。在患者丙的

――――――――――

　　① 　罗伯特·路易斯·史蒂文森的《化身博士》对双重人格有过经典的描述，其主要思想建立在这一基础之上：人有可能将身上的相互冲突的因素分离开来。杰基尔医生在认识到自己身上善与恶的巨大对峙后说："很久以来……我就有一个可爱的梦想，就是把这些矛盾的因素分离开来。我想，假如能够把自己每一种特性都寄存于不同的本体，那么生活中所有令人难以忍受的东西就会消失了。"

实际行为中，攻击性倾向占主导地位，并伴随着施虐倾向。他专横霸道，喜欢利用他人。在野心的驱使下，他冷酷无情地向前迈进。他善于谋划、组织、斗争，并有意识地坚持纯粹的丛林哲学。他也极度回避，但攻击性冲动总是使他与人群纠缠在一起，令他无法保持离群索居。然而，他还是严防死守，不让自己卷入任何私人关系，也不让自己享受任何与他人有关的东西。在这方面，他做得相当成功，因为他对别人的情感都被深深压抑了，对亲密关系的渴望也主要通过性途径来实现。然而，他有一种明显的顺从倾向，同时又需要得到别人的认可，这妨碍了他对权力的追求。另外，他还有一些潜藏的清教徒式的标准，主要用来鞭策别人，但也会不由自主地用在自己身上，而这些标准与他的丛林哲学格格不入。

在他的理想化形象中，他是身披闪亮铠甲的骑士，是远见卓识、追求正义的战士。他是一位明智的领导者，不依附于任何人，执行严格而公正的纪律。他诚实可信，不虚情假意。女人们都爱他，他会是一个伟大的情人，但他不会钟情于任何一个女人。与其他例子一样，患者实现了同样的目标：基本冲突中的因素得到了调和。

因此，理想化形象是解决基本冲突的一种尝试，它的重要性不亚于我描述过的其他任何尝试。理想化形象具有巨大的主观价值，它就像一个黏合剂，能把分裂的人格黏合在一起。虽然它只存在于患者的头脑中，但它对患者的人际关系有着决定性的影响。

理想化形象可能被称为虚构或虚幻的自我，但这只是一半的真相，容易引起误解。在创造理想化形象的过程中，患者一厢情愿的想法确实令人吃惊，特别是它竟然也发生在那些其他方面比较务实的人身上。但这并不意味着它完全是虚构的。它虽然是一种富于想象的创造物，但其中交织着非常现实的因素，而且这些因素起到了决定性作用。它通常包含了一个人的真实理想的痕迹。虽然那些浮夸的成就是虚幻的，但它背后的潜能往往是真实的。更重要的是，它产生于真实的内在需要，并执行着真实的功能，而且对创造者有着真实的影响。这个创造过程遵循着明确的规律，只要我们识别了它的特性，就能准确推断出患者真实的性格结构。

不管理想化形象中掺杂了多少幻想，对神经症患者来说，它都具有现实的价值。他的理想化形象建立得越牢固，他的真实自我就越模糊。由于理想化形象所起的作用，这种舍本逐末的情况必然会发生。这样做的目的是抹杀真实的人格，而突出理想化的自我。回顾许多患者的病史，我们就会相信，理想化形象实际上拯救了他们的生命，这也说明了当理想化形象受到攻击时，患者的强烈反抗是合情合理的，或者至少是合乎逻辑的。只要这种形象对他来说是真实的、完整的，他就能感觉到自己是重要的、优越的、和谐的，尽管这些感觉是幻想出来的。基于他自己勾画的优越性，他认为自己有权提出各种要求和主张。但如果这种形象遭到破坏，他马上就会感受到威胁：面对自己所有的弱点，无权提出特殊的要求，成为一个无足轻重的人，甚至自觉形象可鄙。更可怕的是，他要面对自己的冲突，面对自己精神崩溃的恐惧。这也许是一个使他变得更好的机会，这种真实会比理想化形象的所有光芒都更有价值。虽然道理如此，但在很长一段时间内，这对他来说都毫无意义。因为这相当于让他在自己所惧怕的黑暗中纵身一跃。

理想化形象的缺陷

理想化形象具有极大的主观价值,如果不是因为内在的缺点,它的地位将是无懈可击的。首先,由于涉及许多虚构的元素,整个形象的根基岌岌可危。它像一包裹着糖衣的炮弹,随时可能会伤及患者。任何来自外界的质疑或批评,任何对自己未能达到形象的觉察,任何对他内心冲突的真正洞见,都可能让这包炸弹发生爆炸。因此,患者必须限制自己的生活,以免遭遇这样的危险。他必须回避自己不被赞美和认可的场合,必须回避那些没有绝对把握的任务,甚至可能对任何努力都产生强烈的厌恶。对他这样天赋异禀的人来说,只要构思一幅画面,就等于创作了一幅画。任何平庸的人都可以通过努力取得成就,但让他像张三、李四那样努力奋斗,就等于承认了自己并非天赋异禀,这太丢人了。事实上,因为没有人能轻而易举地成功,所以他的态度注定他将一事无成。他的理想化形象和真实自我之间的差距会越来越大。

他依赖于别人给他无尽的肯定,包括赞美、认可、奉承;然而,这些肯定都只能给他暂时的安慰。他可能会无意识地憎恨那些专横跋扈的人,那些在任何方面都比他强的人——比他更自信、更平和、更博学的人,这些人威胁到了他的自我评价。他越是坚持自己就是那个理想化形象,他的仇恨就越强烈。或者,如果他的傲慢被压抑了,他可能会盲目地崇拜那些抛头露面、举止傲慢的大人物。他喜欢在他们身上看到理想化的自己,但迟早有一天,患者会意识到,他所敬仰的神灵只对他们自己感兴趣,只关心他在他们的神坛上烧了几炷香,这时他必然会陷入巨大的失望。

其次,也许理想化形象最大的缺点是随后发生的与自我的疏远。在压抑或清除自己的重要部分时,我们不可能不与自己疏远。这是神经症发展过程中逐渐产生的变化之一,尽管我们还不太了解这些过程的基本特性。患者最终会忘记自己真正的感受,忘记自己喜欢什么、讨厌什么、相信什么;一言蔽之,他忘记了真实的自己。在不知不觉中,他可能按照自己的理想化形象来生活。在 J. M. 巴里[①]的小说《汤米和格丽泽尔》(*Tommy and Grizel*)中,汤米这个角色比任何临床描述都更透彻地说明了这个过程。当然,如果不是陷入一张由无意识矫饰和合理化作用合谋的大网之中,患者也不可能如此行事,使自己的生活变得岌岌可危。一个人对生活失去了兴趣,因为他不是在过自己的生活;他无法做出决定,因为他不知道自己到底想要什么;如果他的困难在不断增加,他可能会一头扎进虚幻的想象,永远不去面对真实的自己。要理解这样一种状态,我们就必须认识到,遮蔽内心世界的虚幻面纱注定会延伸到外部世界。最近,有一位患者极好地概括了整个情况,他说:"如果不是现实的干扰,我会过得非常好。"

最后,虽然患者创造理想化形象是为了消除基本冲突,并且在一定程度上成功地做到了这一点,但它同时在人格中制造了新的裂缝,甚至比原来的裂缝更危险。概括来说:一个人建立自己的理想化形象,是因为他无法忍受真实的自己;这个理想化形象看似消除了这场灾难,但他把自己的形象拔高之后,就更不能忍受真实的自己了,他开始对真正的自己感到愤怒,开始瞧不起

① 巴里(J. M. Barrie,1860—1937),英国作家,代表作《彼得·潘》。——译者注

自己,并因为无法达到自己的要求而痛苦;于是,他在自我崇拜和自我蔑视之间,在理想化形象和被鄙视的形象之间,不停地来回摆荡,没有可以退守的中间地带。

这个时候,患者就产生了一种新的冲突:一方面是那些相互矛盾的强迫性冲动,另一方面是内心不安强加给他的内部专政。患者对这种内部专政的反应就像一个人对政治独裁的反应:他可能会去认同它,觉得自己就像内心独裁者所说的那样完美;或者他会踮起脚尖努力达到它的要求;或者他会反抗这种胁迫,拒绝承担它所强加的义务。如果是第一种反应,患者给人的印象是一个"自恋"的人,他不接受批评,因此也无法认识到现存的裂痕。在第二种情况下,我们会看到一个追求完美的人,即弗洛伊德所说的超我型的人。在第三种情况下,这个人则表现为拒绝对任何人或事承担责任,他往往反复无常、否定一切。我特地使用"印象"或"表现"这样的词,是因为不管他做出何种反应,从根本上说他的自我都是难以驾驭的。即使是一个通常认为自己"自由"的反抗型患者,也在他试图推翻的强制标准下艰难前行;事实上,他仍然被自己的理想化形象所控制,这可以从他使用那些标准去鞭笞别人体现出来。[1]

有时候,患者会在一段时间内经历从一个极端转换到另一个极端。例如,他可能会在某段时间内尝试变成"大好人",但如果从中没有得到安慰,他就会转向另一个极端,坚决反对所谓的好人标准。或者,他可能会从极度的自我崇拜一下子转向苛求完美。更多时候,我们看到的是这些不同态度的结合。所有这些都指向一个事实——用我们的理论来看是可以理解的——没

---

[1] 参见本书第十二章,施虐倾向。

有一种尝试令人满意，它们注定都要失败，只能被当作摆脱难以忍受的情境而做出的不顾一切的努力；就像在任何无法忍受的情境中一样，各种方法都试过了——如果一种失败，他就换另一种。

所有这些后果结合在一起，构成了阻止个体真正成长的巨大障碍。患者无法从他的错误中吸取教训，因为他根本不知道错在哪里。尽管他的主张与此相反，但实际上，他注定会对自己的成长失去兴趣。当他谈到成长时，他脑海中萦绕的是一个无意识的想法：创造出一个更完美的理想化形象，不要任何缺点。

因此，我们治疗的任务就是：让患者认识到他的理想化形象的全部细节，帮助他逐渐了解它所有的功能和主观价值，并向他展示理想化形象必然会带来的痛苦。这样，患者就会开始怀疑他这么做的代价是否太大。但是，只有当患者不太需要创造理想化形象时，他才能放弃这一形象。

第七章 外化

从本质上讲，外化是一个主动消灭自我的过程。它之所以可行，根本原因在于患者与自我渐行渐远，随着自我被消灭，患者内心的冲突自然也从意识中被逐除。然而，外化以外部冲突取代了内心冲突，使患者变得更喜欢责备、报复他人，也更加畏惧他人。

什么是外化

我们已经看到,神经症患者为了缩小真实自我与理想化形象之间的差距,使用各种手段进行伪装,最终却适得其反,反而扩大了两者的距离。但由于理想化形象具有巨大的主观价值,患者必然不断地向它妥协。为了做到这一点,患者的方式是多种多样的。大多数将在下一章谈到。在这里,我们只讨论其中的一种,可能并不广为人知,但它对神经症结构的影响却很深刻。

我称这种方法为外化(externalization),即这样一种倾向:患者将内心过程体验为发生在自身之外,并认为是外在因素导致了自己的困难。外化与理想化形象的目的相同,都是为了回避真实的自我。不同之处在于,理想化形象是对真实人格的修饰和再造,仍然停留在自我的范围内;而外化意味着完全放弃自我的领地。简单地说,一个人可以在理想化形象中逃避他的基本冲突,但如果真实自我和理想化形象的差距太大,其中的紧张让患者无法承受,他就无法再从自身找到解决办法了。此时,他唯一能做的事就是彻底逃离自我,把一切都看作发生在自身之外。

这里阐述的现象部分属于投射(projection),即把自己的问题看成是别人身上的。[①] 一般来说,投射是指把自己主观拒绝的品质或倾向看成是别人的,比如怀疑别人背叛、野心勃勃、控制、自以为是、懦弱等,实际上是自己身上有这种倾向。在这个意义上,投射一词用得恰如其分。然而,外化是一种更复杂的现象,转移责任只是其中一个方面。患者不仅把自己的过错看作是别人的,而且在很大程度上,将自己所有的感受都当成别人的。一个有外化倾向的人,可能会对一些小国家所遭受的压迫深感不安,却意识不到自己所遭受的压迫。他可能感受不到自己的绝望,却对别人的绝望深有体会。在这方面,特别重要的是他意识不到对自己的态度。例如,当他对自己生气时,他会感觉别人在对他生气。或者,他意识到自己对别人的愤怒,而实际上是指向他自己的。此外,他还会把自己的烦恼、愉悦或成就都归咎于外部因素。他把失败看作命中注定,认为成功全凭运气,精神愉悦是因为好天气,等等。

当一个人觉得他的生活是好是坏全都取决于别人时,他自然就会一心改变、改造他们,惩罚他们,保护自己不受他们的干扰,或者干脆去影响他们。但在这种情况下,外化导致了患者对他人的依赖,它不同于神经症对情感的需求所产生的依赖;外化还导致了他对外部环境的过分依赖。患者无论住在城区还是郊

① 这一定义由爱德华·斯特雷克和肯尼斯·阿贝尔(Edward A. Strecker & Kenneth E. Appel)提出,参见《发现我们自己》(*Discovering Ourselves*),麦克米伦出版公司1943年版。

区,保持这样或那样的饮食,早睡还是晚睡,加入这个或那个组织,这些都被他赋予了过多的重要性。因此,他形成了荣格所谓的外倾型性格。荣格认为外倾是一种片面发展的先天倾向,但我认为它是患者试图通过外化来消除未解决的冲突。

外化的另一个必然结果是,患者会感受到令人痛苦的空虚和无聊。同样,这种感受又一次被张冠李戴了。他应该感觉到情绪上的空虚,可体验到的却是胃里空空,并试图通过暴饮暴食来填饱空虚。或者,他会担心自己体重太轻,像羽毛一样被甩来甩去,任何一阵大风就能把他卷到九霄云外。他甚至还会说,如果分析师把他整个分析一遍,他就会变成一个空壳。总之,患者的外化越彻底,就越像一个幽灵,飘忽不定。

关于外化的含义就介绍到这里。现在我们来看看,它对缓解真实自我和理想化形象之间的矛盾起到了怎样的作用。无论一个人在意识层面如何看待自己,这两者的差距都会在无意识中造成痛苦;而且他越是将自己等同于理想化形象,这种反应就会越不自觉。大多数情况下,这种反应表现为自我鄙视的外化、对自己的愤怒的外化、内在压迫感的外化。这些反应不仅让患者极其痛苦,而且以各种方式使他丧失生活能力。

自我鄙视的外化

自我鄙视的外化有两种形式:一是鄙视别人,二是感觉别人鄙视自己。这两种形式通常都会存在。哪一个更突出或更能被意识到,取决于神经症性格的整个结构。患者越具有攻击性,越觉得自己至高无上,他就越容易鄙视别人,越不会想到别人可能鄙视他。相反,他越是顺从,就越会因为自己没有达到理想化形象而自责,越会觉得他对别人毫无用处。后者的影响尤其具有破坏性。它会使一个人变得害羞、呆板、孤僻。这使他过分感激别人对他的爱或认可,事实上是卑躬屈膝地感激。与此同时,即使是最真诚的友谊,他也无法接受,而隐约觉得那是自己不配得到的施舍。他对傲慢的人毫无抵抗力,因为他自身有一部分与他们一致,他觉得受到轻蔑的对待是很正常的。自然,患者这样的反应会在内心滋生怨恨,如果怨恨被压抑并堆积起来,将会形成爆发性的力量。

尽管如此,以外化形式体验自我鄙视有着明显的主观价值。如果患者感受到他对自己的蔑视,就会粉碎他曾经拥有的虚假自信,把自己推向崩溃的边缘。被别人鄙视是很痛苦,但是总有希望去改变他们的态度,或者能够以牙还牙去报复他们,或者在心理上认为他们是不公平的。当一个人鄙视自己时,这一切都会徒劳无功,没有任何求助的余地。这样一来,患者在无意识层面对自己的所有绝望都开始浮出水面。他不仅开始鄙视自己实际的弱点,而且觉得自己整个人都是可鄙的。因此,即使是他身上的优点,也会被拖入他那无价值感的深渊。换句话说,他会觉得自己就是那个被鄙视的形象,他会将此看作一个无可改变的事实,没有人能够帮助他。

这表明在治疗过程中最好不要触及患者的自卑,除非患者的绝望感消失了,不再牢牢抓紧理想化形象。只有在这个时候,患者才能面对现实,才能认识到他的无价值感并不是客观事实,而是一种主观感觉,这种感觉源自他对自己苛刻的标准。通过对自己采取更宽容的态度,他会看到情况并非不可改变,他所强烈反对的特质也并非真的可鄙,而是他最终能够克服的困难。

106

对自己的愤怒的外化

除非我们牢记，对患者来说，维持自己就是理想化形象的幻觉特别重要，否则我们无法理解他对自己的愤怒，也不可能理解这种愤怒的程度。患者不仅对自己无法达到理想化形象感到绝望，还对自己感到愤怒，这是因为理想化形象带给他的是一种全能感。无论在童年遭遇过怎样的困难，无所不能的他应该都能克服。现在，即使他在理智上意识到自己的神经症非常复杂，但他仍然会因为无法消除它们而感到愤怒。当他面对相互冲突的内心驱力，并意识到自己无法实现相互矛盾的目标时，这种愤怒达到了顶点。这就是为什么突然意识到冲突可能会使他陷入恐慌。

对自己的愤怒主要以三种方式外化。第一，如果患者不受约束地发泄敌意，愤怒就很容易向外爆发。然后，愤怒会转向针对他人：要么表现为普遍的易怒；要么表现为对别人某个错误的愤怒，而他所痛恨的实际上是自己有这个问题。有个例子可以清楚地说明这一点。一位患者抱怨她的丈夫优柔寡断，但她说的只是一件小事，明显有点小题大做。我知道她自己就有些优柔寡断，所以我暗示她，她的抱怨其实无情地揭露了自己身上的这种毛病。这时，她突然感到怒不可遏，恨不得将自己撕成碎片。在她的理想化形象中，她是一个果断的人，无法忍受自己的任何弱点。尽管这种反应非常强烈，但在下一次会谈中却被忘得一干二净，这是非常典型的情况。虽然她在那个瞬间看到了自己的外化倾向，但还没有做好准备放弃它。

第二，患者可能一直有种有意识或无意识的担心或预期，认为自己无法忍受的缺点会激怒他人。患者非常确信他的某些行为会引起深深的敌意，如果没有遇到敌意的反应，他反而会感到很困惑。例如，一位患者的理想化形象是雨果的《悲惨世界》中善良的神父，但她惊讶地发现，每当她坚定立场甚至表达愤怒时，人们会比她表现得像个圣人时更喜欢她。根据这种理想化形象，我们可以推断患者的主要倾向是顺从。最初，她的顺从出于对亲密关系的需要，但由于她对敌意反应的预期，这种倾向被大大强化了。事实上，这种外化的主要后果之一就是顺从程度的提高，这也说明了神经症倾向如何在恶性循环中不断相互加剧。在这个例子中，强迫性顺从的增强是因为她圣洁的理想化形象迫使她变得更加谦逊。然后，由此产生的敌意冲动会激起她对自己的愤怒。而这种愤怒的外化，会导致她对别人更加恐惧，这反过来又会强化她的顺从倾向。

第三，愤怒的外化可能让患者专注于身体的不适。一个人对自己的愤怒，如果没有在意识中被体验到，显然会造成严重的身体紧张，可能表现为肠道疾病、头痛和疲劳等。一旦意识到这些愤怒本身，所有这些症状都会以闪电般的速度消失，这就很能说明问题。人们甚至会犹豫，是该把这些生理表现叫作外化，还是把它们看作被压抑的愤怒的生理结果。但基本可以确定的是，患者会对这些表现加以利用。通常，患者非常愿意把他们的精神问题归咎为身体疾病，而这些疾病反过来又可以归咎于外界的刺激。他们很有兴趣证明自己没有心理问题，只是饮食不当引发了肠道不适，或是过度劳累导致了疲乏，或是空气潮湿引起了风湿病，等等。

至于神经症患者通过外化愤怒来达到什么效果，这里所说的与自我鄙视的情况是一样的。不过，我们还应该提到另一项考虑。除非认识到自我毁灭的冲动所带来的真正危险,否则我们无法充分理解这些患者所走的路。第一个例子中的患者只是一时冲动想把自己撕成碎片,但精神疾病患者可能真的会自伤、自残。[①] 如果不是外化作用,很可能会发生更多的自杀事件。这样一来,弗洛伊德的观点就好理解了,他意识到了人的自毁冲动的力量,然后提出人有自我毁灭的本能(死亡本能)。但是,这个概念阻碍了他对自我毁灭的真正理解,因此也阻碍了有效的治疗。

内在压迫感的外化

内在压迫感的强度取决于患者人格被理想化形象支配的程度。这种压迫的力量和影响是巨大的。它比任何外部的压迫都更糟糕,因为后者还允许人们保留内心的自由。大多数时候,患者都意识不到这种感觉,但这种压迫感一旦消除并获得内心自由时,他们就会感到如释重负,由此可见这种压迫的力量有多大。

一方面,这种压迫感可以通过对他人施加压力而外化。这与神经症患者的支配欲望有着同样的外在效果。尽管两者都会出现,但它们的区别在于:前者代表了内在压力的外化,重点并不是要求别人服从于他。它主要是把导致自己愤怒的标准转嫁给别人,而对别人的痛苦与否置之不顾。所谓的精神洁癖就是

---

① 卡尔·门林格尔(Karl Menninger)列举了大量案例对此进行说明,请参见他的《人对抗自己》(*Man against Himself*),哈考特·布雷斯出版公司1938年版。不过,他是从完全不同的角度来讨论这一主题的——他认同弗洛伊德的学说,认为人有自我毁灭的本能。

这一过程的最佳例子。另一方面,这种压迫感的外化可以表现为,患者对外界任何类似压迫的东西都异常敏感。每个善于观察的人都知道,这种过度敏感很常见,它并非都源于自我施加的压迫。通常还有一种因素,就是患者在别人身上体验到自己的那种压迫的力量,并且因此憎恨它。比如在回避型人格中,我们首先想到的是患者对独立的强迫性坚持,这必然会让他对任何外界压力都特别敏感。

在分析中,无意识的自我压迫的外化是一种更隐蔽的病因,也更容易被忽视。这是特别令人遗憾的,因为它经常在患者和分析师之间形成了一股有影响力的潜流。患者很可能会继续否定分析师提出的每一个建议,即使分析师指出了他对这个问题敏感的明显来源。这场激烈的战斗在这一事件中愈演愈烈,因为分析师确实想给患者带来改变。分析师诚实地表明,他只是想帮助患者找回自我,找回生命的内在源泉,但这种说法毫无用处。那么,患者会不会屈服于分析师不经意间施加的影响呢?事实是,由于患者并不了解"真正的"自己,也就无法选择接受什么或拒绝什么;而对分析师来说,即使他谨慎地避免将自己的观念强加给患者,也没带来什么不同的效果。因为患者不知道自己是受内在压迫才表现出症状,所以他只能不分青红皂白地反抗所有想要改变他的外在意图。不用说,这场毫无收益的战斗,不仅出现在分析过程中,而且或多或少出现在所有的亲密关系中。因此,只有对这一内在过程进行分析,才能最终帮助患者摆脱困扰。

使问题更加复杂的是,患者越倾向于顺从理想化形象的苛刻要求,他就越会将这种顺从外化。他会急于达到分析师或其他人对他的期望,或是他以为的别人对他的期望。他可能看起来乐于服从甚至容易上当,但与此同时,他又对这种"压迫"暗藏怨恨。结果可能是,他最终会认为每个人都在支配他,并因此对所有人产生怨恨。

那么,一个人把他的内在压迫感外化,他会得到什么好处呢? 好处是,只要相信这种压迫来自外部,他就可以反抗它,即使只是精神上的满足。同样,只要相信这种压迫是外部施加的,他就能够避免它,自由的幻觉可以维持下去。但更重要的是上面提到的因素:承认内在压迫意味着承认他不是那个理想化形象,并要承担由此产生的所有后果。

这种内在压迫感是否会表现为身体上的症状,以及在多大程度上表现为身体症状,是一个很有趣的问题。在我的印象中,它可能会引起哮喘、高血压或便秘,但我在这方面的经验很有限。

外化与投射

我们还需要讨论与理想化形象相反的各种特征的外化。总的来说,这种外化是通过简单的投射来实现的,也就是说,通过在别人身上体验它们,或者认为别人应该对它们负责。这两个过程不一定同时进行。在下面的例子中,我们可能要重复一些已经说过的事情和一些众所周知的东西,它们将帮助我们更深入地理解投射的含义。

一个酗酒的患者甲,抱怨他的爱人对他不够体贴。在我看来,这个抱怨是没有根据的,或者无论从哪个方面看,都没有到患者甲所说的程度。外人一眼就能看出来,患者甲正在经历内心的冲突:一方面是顺从、善良和慷慨,另一方面是专横、苛求和傲慢。因此,他的抱怨实际上是攻击倾向的投射。但是,是什么使这种投射最终发生了?在他的理想化形象中,攻击倾向只是强势人格的自然组成部分,他最显著的特点仍然是善良——自从圣方济各(St. Francis)①以来,从来没有人像他这样善良,也从来没有一位像他这样理想的朋友。那么,这种投射是为了讨好他的理想化形象吗?诚然如此!但这也让他得以在无意识的情况下表现自己的攻击性,从而不用面对内心的冲突。患者甲陷入了一个无法解决的困境:既不能放弃他的攻击倾向,因为它们具有强迫性;也不能放弃他的理想化形象,因为正是这种形象保证了他人格统一。这种投射就是摆脱困境的一种方法。因此,它具有一种无意识的双重性:既让他能够提出所有傲慢的要求,又使他成为理想的朋友。

患者甲还怀疑他的爱人对他不忠。但他的怀疑毫无根据,因为她爱他就像母亲爱孩子一样。事实上,他自己就有许多风流韵事,而且不为人所知。有人认为,这是他以己度人产生的报复性恐惧,他当然要为自己开脱。还有人认为,这可能是同性恋倾向的投射,但这种考虑也无助于解释这种情况。揭开谜底的线索还是在于他对自己不忠的特殊态度。他并没有忘记那些风流韵事,只是没有回想起来。对他来说,它们不再是一种鲜活的体验。另一方面,爱人所谓的不忠却相当鲜活。这就是他对自身体验的外化。它的功能与前面的例子一样:既允许他保持理想化形象,又可以让他为所欲为。

另一个例子来自政治或其他团体中的权力斗争。这种斗争常常是有意识地削弱对手,巩固自己的地位。但它也可能来自

---

① 圣方济各,天主教方济各会和方济女修会的创始人。——译者注

一种无意识的困境,类似上面提到的那种。在这种情况下,权力斗争就表现出了无意识的双重性:既允许我们在斗争中使用阴谋诡计,不必担心玷污理想化形象,同时提供了一个很好的方式,把我们对自己的愤怒和鄙视都宣泄在别人身上——如果宣泄那些在我们本来就想打败的人身上,那就更好了。

外化的通用模式

作为总结,我想指出外化有一种通用模式,即虽然问题出现在自己身上,但责任却被推卸到别人身上。许多患者一旦意识到自己的某些问题,就会马上跳回童年时代,并把所有的解释都归咎于童年。他们会说,他们之所以对压迫很敏感,是因为有一位专横的母亲;他们很容易感到屈辱,是因为童年时曾遭受羞辱;他们有报复心,是因为早年被伤害过;他们孤僻,是因为童年时没人理解他们;他们在性方面很压抑,是因为从小特别严格的教养;诸如此类。我并不反对分析师和患者致力于理解童年经历的影响,只是不赞成那种过分热衷于挖掘童年的分析。这种做法将一无所获,只会导致无休止的重复,并对探索目前在患者身上运作的力量失去兴趣。

弗洛伊德对起源的过分强调大大支持了这种态度,但让我们仔细研究一下,其中有多少基于真理,有多少基于谬误。的确,患者的神经症发展始于童年时期,他所能提供的所有线索都基于他对自身发展的理解。患上神经症确实不是他的责任。环境的影响是如此之大,以至于他不得不这样发展下去。出于下面将要讨论的原因,分析师必须向患者清楚地说明这一点。

这种态度的谬误在于,患者对童年时代在其内心形成的各种力量缺乏兴趣。然而,这些力量仍在他身上起作用,并导致了他现在的困难。例如,他小时候见过太多虚伪的东西,这可能是他玩世不恭的原因之一。但如果他只把自己的玩世不恭与童年经历联系在一起,就忽略了他当前对这种态度的需要。这种需要源于他被不同的理想所撕扯,因此不得不把所有的价值观都抛到一边,试图解决这一冲突。此外,他还倾向于逞强好胜,在自己承担不了的时候强出头,而在应该承担的时候却做缩头乌龟。他不断地提到童年经历就是为了让自己确信,他真的无法避免某些挫折,同时他又觉得自己应该从童年灾难中毫发无损地走出来,就像出淤泥而不染的莲花一样。在一定程度上,这要归咎于他的理想化形象,因为这一形象不允许他接受有缺陷或冲突的过去或现在。但更重要的是,他不停地谈论童年是一种特殊的自我逃避,这让他保持着渴望自我审查的幻觉。因为他把在自己内心运作的力量都外化了,所以他体验不到它们的存在,也无法把自己看作生活的推动者。既然不再是生活的推动者,他便把自己看作一个球,一旦被推下山,只能一直往下滚;或者是实验室里的豚鼠,一旦建立了条件反射,就永远被限定了。

患者对童年经历的片面强调,是他外化倾向的确凿表现。所以每当遇到这种态度,我就知道会看到一个与自己疏离的人,而且他还继续被驱使着远离自我。这种预见从来没有出过错。

患者的外化倾向也会出现在梦中。在患者的梦中,分析师可能成了监狱看守;或者她想要穿过一扇门,丈夫却把门关上了;或者在前往目的地的路上出现了意外或障碍。这些梦都象征着患者企图否认自己内心的冲突,并将这些冲突归咎于某些外部因素。

一个具有外化倾向的患者会让心理分析变得异常困难。他去见分析师就像去看牙医一样,只是希望分析师完成一项无须他参与的工作。他对妻子、朋友、兄弟的神经症兴趣十足,但对自己的神经症却讳疾忌医。他大谈自己生活中遇到的各种困难,却不肯承认自己应该负担的责任。在他看来,如果妻子不那么神经质,如果工作不那么烦人,他就会一切安好。长久以来,他都意识不到情绪对自己内心的影响;他害怕鬼魂和盗贼,害怕电闪雷鸣,害怕身边的坏人,害怕动荡的时局,但他从不担心自己。他对自己的问题最多只是有点兴趣,因为它们给他带来了智力或艺术上的乐趣。但我们可以说,只要从精神上讲他不在场,就不可能把任何领悟应用于实际生活;因此,尽管他对自己有了更多的了解,但带来的变化却微乎其微。

从本质上讲,外化是一个主动消灭自我的过程。它之所以可行,根本原因在于患者与自我渐行渐远,而这是神经症过程中必然发生的。随着自我被消灭,患者内心的冲突自然也从意识中被逐除。然而,外化以外部冲突取代了内心冲突,使患者变得更喜欢责备、报复他人,也更加畏惧他人。更进一步说,外化加剧了最初引发整个神经症过程的冲突,即加剧了个人与外部世界之间的冲突。

第八章 制造和谐的辅助手段

　　一个谎言需要另一个谎言来圆，第二个谎言又要第三个谎言来圆，就这样，撒一个谎后需要跟着撒千万个谎，撒谎者最终会被困在一张错综复杂的大网中。

一个谎言需要另一个谎言来圆,第二个谎言又要第三个谎言来圆,就这样,撒一个谎后需要跟着撒千万个谎,撒谎者最终会被困在一张错综复杂的大网中。这种情况并不少见。不论是个体还是群体生活中,如果人们缺乏从根本上解决问题的决心,那么这类事情必然会发生。拆东墙补西墙或许会一时有用,但也会产生新的问题,而这些新问题又需要新的解决办法,因此问题永远无法从根本上得到解决。神经症患者解决基本冲突的尝试也是如此。除非最初导致困境的条件被彻底改变,否则没有什么方法是真正有用的。

相反,神经症患者所做的就是——当然是无意识地——把一个伪解决方案堆砌在另一个伪解决方案之上。正如我们所见,他可能试图让冲突的某个方面占主导地位,但他分裂的状态仍然没有改变。他可能让自己离群索居,让冲突暂时停止了运作,但他的整个生活也失去了坚实的基础。他创造出一个成功的、人格统一的理想化自我,但也制造出了新的裂隙。他试图让自我退出内心的战场以消除这一裂隙,却发现自己陷入了更难以忍受的困境。

　　如此不稳定的平衡当然需要进一步的措施来支撑它。于是,患者会将需求诉诸许多无意识的方法,包括:视而不见、划分隔离、合理化、过度自控、绝对正确、飘忽不定和玩世不恭,等等。我不打算在此讨论这些现象本身,因为这个任务十分艰巨,我只想说明患者是如何利用它们应对冲突的。

视而不见

　　神经症患者的实际行动与他的理想化形象可谓相距甚远,因此,我们不禁好奇为什么他自己对这一点毫无察觉。他不仅看不到这一点,甚至对近在眼前的矛盾也视而不见。在这些最明显的矛盾中,这一盲点现象最先使我注意到冲突的存在及其相关问题。例如,有一位患者,他具有顺从型人格的所有特征,并认为自己像基督一样;但他曾随口告诉我,在员工会议上,他常常轻点拇指幻想对同事挨个射击。的确,这种毁灭性的渴望在当时是无意识的;但重点在于,这种被称为"玩耍"的射击,丝毫没有影响他的基督形象。

　　另一位患者是科学家,他认为自己工作很认真,而且是这个领域的创新者。但是在发表研究成果时,他总是出于投机的目的,只提交那些给他带来最大利益的论文。他没有任何伪装的企图,只是同样"愉快地"遗忘了其中的矛盾。类似地,一个自认为善良又坦率的男人,他觉得从一个女孩那里拿钱花在另一个女孩身上,并没有什么问题。

　　很明显,在以上几个例子中,盲点的作用是使人意识不到潜在的冲突。令人惊讶的是,这在一定程度上居然实现了,尤其是这些患者不仅聪明,而且具有一定的心理学知识。如果说我们都倾向于对不想看到的东西置之不理,这个解释肯定不充分。我们必须补充一点:我们对事物置之不理的程度,主要取决于我们有多大兴趣去这样做。总而言之,这种人为的盲点现象以简单直接的方式表明了,我们有多么厌恶承认内心的冲突。但真正的问题在于,我们如何得以忽视上述那些显而易见的矛盾呢?事实上,如果没有特定的条件,这确实是不可能的。条件之一就是我们对自己的情绪体验极度麻木;而另一个条件是斯特雷克所指出的[①],我们过着划分隔离的生活。

划分隔离

斯特雷克阐述过盲点现象,也谈到了逻辑严密的隔离现象。患者在内心设置了许多隔间:有朋友区,有敌人区;有家人区,有外人区;有工作区,有生活区;有平等区,有下属区。因此,对神经症患者来说,一个隔间中发生的事情,与另一个隔间中的事情并不矛盾。通常,只有一个人因为冲突而失去统一感时,才有可能去过那样的生活。因此,把内心分隔成不相干的各个部分,与拒不承认内心的冲突一样,也是患者被冲突分裂的结果。这个过程与理想化形象的情况其实是一样的:虽然矛盾还在,但冲突被隐藏起来了。很难说是理想化形象造成了划分隔离,还是隔离作用产生了理想化形象。然而,患者活在隔离状态这个事实似乎是更基础的,它可以解释患者为何创造出某种理想化形象。

要理解这一现象,必须考虑到文化因素。在很大程度上,人

---

① 参见前面引用的书,斯特雷克所著的《发现我们自己》。

类如今只是复杂的社会系统中的一个齿轮,自我疏离乃是普遍现象,人的自我价值也一落千丈。由于我们文明中存在着无数个明显的矛盾,人们的道德观念普遍麻木。道德标准被弃之不顾,例如,今天虔诚的基督徒或者慈爱的父亲,明天突然变成了江洋大盗,也没有人对此感到惊讶。[①] 我们周围人格完整的人实在太少了,因此无法对照出我们自己的分裂。在精神分析领域,弗洛伊德抛弃了道德价值,把心理学视为自然科学,这使得分析师与患者一样都看不见这类矛盾。分析师认为,有自己的道德观或者对患者的道德观感兴趣,都是"不科学的"。实际上,对矛盾的承认出现在许多理论体系中,并不局限于道德领域。

合理化

合理化可以被定义为通过推理而进行的自我欺骗。一般认为,合理化主要用来自我辩护,使自己的动机和行为符合主流意识形态,但这种看法只在一定程度上正确。因为这意味着,生活在同一文明中的人都按照同样的方式进行合理化,而实际上,合理化的内容和方法存在着广泛的个体差异。当我们把合理化看作患者制造虚假和谐的一种方式,那就再自然不过了。在患者围绕基本冲突建立的防御工事中,每个角落都可以看到合理化的身影。

患者的主导态度通过推理而得到强化——那些使冲突凸显的因素,要么被最小化了,要么被改造成符合主导态度。至于这种自我欺骗的推理是如何美化人格的,我们可以通过对比顺从

[①] 参见林语堂,《啼笑皆非》(*Between Tears and Laughter*),纽约庄台出版公司1943年版。

型和攻击型看出来。顺从型的人把他乐于助人的愿望归因于同情心,尽管他也存在强烈的支配倾向;如果这两者倾向都非常明显,他便将其合理化为对他人的关心。攻击型的人在帮助别人时,坚决否认自己有任何同情心,并认为他的行为完全是出于方便而已。理想化形象也需要大量合理化来支持它:现实自我和理想化形象之间的差异,最后必须通过推理来消除。在外化过程中,患者用合理化来证明自己行为与外部环境的相关性,或者证明他不能接受的特征只是对他人行为的"自然"反应。

过度自控

过度自控也是一种非常强烈的倾向,以至于我一度将其视为基本的神经症倾向之一。[①] 它的作用就像是一座大坝,用来防止矛盾情绪的泛滥。虽然一开始它往往是一种有意识的意志行为,但随着时间的推移,或多或少会变成一种无意识的行为。实行这种控制的人不允许自己被任何激情、性兴奋、自怜或愤怒冲昏头脑。在分析中,要患者进行自由联想无比艰难。他们不允许用酒精来振奋精神,宁愿忍受痛苦也不愿接受麻醉。简而言之,他们试图压制所有的自发冲动。

这种倾向在那些冲突外露的人身上表现得最明显,通常用来掩盖冲突的步骤他们都没有采取:一是让冲突中的任何一方占据主导地位,二是发展出足够的回避倾向来使冲突无法发挥作用。这些人仅仅依靠他们的理想化形象保持着统一感;很显然,如果没有上述两个帮助他们建立统一感的基本尝试,仅仅靠

---

① 参见卡伦·霍尼的《自我分析》,同前。

理想化形象的约束力是不够的。尤其当理想化形象本身包含了相互矛盾的因素,它就显得更加不够充分。这时,有意识或无意识地运用意志力来控制相互冲突的冲动,对患者而言是必要的。

由于最具破坏性的是由愤怒引起的暴力冲动,患者需要用最大的努力来控制愤怒。这就形成了一个恶性循环:愤怒被压抑,积聚了爆炸性的力量,反过来,这又需要更多的自我控制来抑制它。如果分析师让患者注意他的过度自控,他会辩称这是任何文明人都需要的美德。他忽略了这种控制对他而言的强迫性。他身不由己地以最严格的方式实行自我控制,一旦因为任何原因不起作用,他就会惊慌失措。这种恐慌可能表现为害怕精神错乱;这一点清楚地表明,自我控制的作用就是使自己免于分裂的危险。

绝对正确

绝对正确具有双重功能,既可以消除内心疑虑,又可以消除外部影响。怀疑和优柔寡断总是伴随着未解决的冲突,其强度足以使一切行动瘫痪。在这种状态下,一个人自然容易受到外界的影响。如果我们有坚定的信念,就不会轻易动摇;但如果我们一生都好像站在十字路口,不知道该往哪个方向,那么外界因素就很容易成为决定性因素,哪怕只是一时的。此外,优柔寡断不仅会让一个人的行动瘫痪,还会让他怀疑自我,怀疑自身的权利和价值。

所有这些不确定的因素都会削弱我们应对生活的能力。然而,显然不是每个人都不能容忍它们。一个人越是把生活看作一场无情的战斗,就越容易将怀疑视为危险的弱点。他越是离群索居、孤立无援,就越容易受到外来影响的刺激。我所有的观察都指向这样一个事实:当占主导的攻击倾向与回避倾向相结合时,最容易滋生出这种绝对正确;攻击倾向越明显,这种绝对正确就越强势。它表明了患者的一种企图,即武断地宣布自己永远正确,从而一劳永逸地解决冲突。在一个受理性支配的系统中,情感是来自内心的叛徒,必须受到严格的控制。这样或许能够实现平和,但那是寂静的坟墓。正如我们预料的那样,这样的人想到分析就生厌,因为分析会打乱"整洁的"画面。

反复无常

反复无常与绝对正确几乎截然相反,但同样是拒绝承认冲突的有效手段。倾向于这种防御方式的患者,常常如同童话中的角色:当他们被人追逐时,会变成一条鱼;如果这种伪装还不能脱险,他们又会变成一只鹿;如果猎人追了上来,他们再变成一只鸟儿。你永远无法对他们进行界定;他们否认自己说过的话,或者向你保证不是那个意思。他们有一种惊人的掩盖问题的能力。不要指望他们会对某件事做出具体的表述,他们会尽力而为的就是,让人到最后也搞不清楚发生了什么。

同样的混乱也主宰着他们的生活。他们时而恶毒,时而慈悲;有时无比体贴,有时又冷酷无情;这些方面专横,那些方面又谦逊。他们找到一个强势的伴侣后,甘心做一个"受气包",然后又变得盛气凌人。在伤害别人之后,他们非常自责,试图弥补过错,然后又觉得自己像个"傻瓜",并再次以恶待人。对他们来说,没什么事情是真实不虚的。

分析师可能会感到沮丧、困惑,觉得对这样的患者无从下手。这样想的话,他就错了。这些患者不过是没有成功实施惯常的整合程序:他们不仅没能压抑一部分冲突,也没有建立明确的理想化形象。在某种程度上,可以说,他们从反面证明了那些解决冲突的尝试的价值。无论结果多么糟糕,做出尝试的患者都会变得更有条理,不会像他们那样迷茫。如果分析师觉得这是一项简单的工作,因为冲突显而易见,不需要深入挖掘,那么他也错了。相反,他会发现患者讨厌将问题明确化,这也会使分析师产生挫败感,除非他明白,这是患者拒绝洞察内心的一种方式。

玩世不恭

最后一种拒绝承认冲突的防御是玩世不恭,否认和嘲笑所有道德价值。无论神经症患者多么固执地坚守自己所接受的那些特定标准,他在道德价值方面必然存在着根深蒂固的怀疑。虽然玩世不恭的起源各不相同,但它的作用始终是否定道德价值的存在,从而使患者不必弄清楚自己到底相信什么。

玩世不恭可以是有意识的,并成为阴谋家奉行和捍卫的准则。最重要的是表面功夫,你可以为所欲为,只要不被抓住就行。一个人只要不是彻头彻尾的傻瓜,那就是伪君子。这类患者可能对分析师使用"道德"一词非常敏感——不管是在什么情况下,就像在弗洛伊德时代人们谈"性"色变一样。

但是,玩世不恭也可能是无意识的,患者表面上遵从主流意识形态,从而将其掩盖了。他可能没有意识到玩世不恭对他的影响,但他的生活方式揭露了他的行为准则。或者,他会不知不觉地卷入矛盾之中,就像某个患者,他确信自己信奉诚实正派,但他又嫉妒那些玩手段的人,痛恨自己没这方面的技能。在治疗中,让患者在恰当的时候充分意识到他的玩世不恭,并帮助他进行理解,这一点很重要。也许还要向患者解释,为什么建立一套自己的价值观对他是有好处的。

　　以上所述的各种手段,都是围绕着基本冲突这一核心建立的防御机制。为了简单起见,我把整个防御系统称为防护结构。每一种神经症都会发展出一套防御系统,通常包含了上述所有的形式,只是它们活跃程度有所不同。

第二部分

冲突未解决的后果

第九章 恐惧

所有这些恐惧都源于神经症患者未解决的冲突。但是，如果我们追求的是最终实现人格的整合，就必须把自己暴露在恐惧面前，所以它们也是我们面对自己时所遇到的障碍。可以说，它们如同炼狱，我们必须在其间徘徊，才能得到最后的救赎。

在寻找神经症问题的深层含义时,我们很容易在错综复杂的迷宫中失去方向。这并不奇怪,因为如果不去面对它的复杂性,我们就无法理解神经症。然而,为了获得统揽全局的视角,有时候需要退后一步进行观察。

神经症患者为何恐惧

我们紧随神经症患者防御机制的发展,看到一个又一个防御措施建立起来,直到形成一个相对稳定的防护系统。其中让我们印象最深刻的是,患者在这一过程中投入了无限的精力,这使我们再次好奇,究竟是什么驱使一个人走上如此艰难的道路,并付出如此巨大的代价。我们不禁自问:是什么力量使患者的防御机制如此僵化,如此难以改变?这整个过程的动力仅仅是对基本冲突的破坏性力量的恐惧吗?或许,打个比方可以更清楚地回答这个问题。当然,就像任何类比一样,它也不可能完全精确,只能宽泛地比较一下。

让我们做个假设:一个人有着不堪回首的过去,但是他经过伪装,混入了某个新的群体。自然而然,他会生活在恐惧当中,害怕自己的过去被人揭露。随着时间的推移,他的处境有所进展:他交上了朋友,找到了工作,建立了家庭。由于珍惜当前的新生活,他被一种新的恐惧所困扰,那就是害怕失去这些东西。他对现在的身份感到骄傲,并对过去的不光彩感到厌恶。他把大笔的钱捐给慈善事业,甚至送给他以前的同伙,以便彻底摆脱过去的生活。与此同时,他人格中发生的变化又把他卷入一场新的冲突。结果是,他在错误的前提下开始新的生活,而这种生活最终成为他当前困扰的一股潜流。

因此,在神经症患者建立的防御机制中,他的基本冲突仍然存在,只不过形式发生了变化。它在某些方面有所缓和,在另一些方面则有所增强。然而,由于这一过程所固有的恶性循环,后来的冲突会让人更加紧迫。加剧患者内心冲突的事实是:每一个新的防御措施都会进一步损害他与自己、与别人的关系——正如我们所看到的,这就是滋生冲突的土壤。此外,随着新的元素在患者的生活中扮演重要角色——无论它们被什么包裹起来(比如,爱情或成功、超然独立或理想化形象),他开始担心事情会变成另一个样子,害怕有什么东西会损害现在的幸福。与此同时,他与自己越来越疏远,越来越无力改变自我,从而摆脱困境。于是,遵循惯性取代了本来的成长。

害怕失去平衡

神经症患者的防护结构非常僵化,因此极其脆弱,这本身就会引起新的恐惧。其中之一是患者害怕它的平衡会被打破。虽

我们内心的冲突

134

然这种结构给人一种平衡感,但这种平衡很容易被倾覆。患者本人并没有意识到这种威胁,但他会通过各种方式感觉到它的存在。经验告诉他,他可能会无缘无故地出现问题,他会莫名地愤怒、得意、沮丧、疲惫和压抑,而他自己并不希望这样。这样的经历给了他一种不确定感,让他丧失了自信,使他感觉如履薄冰。他的不平衡也可能表现在步态或姿势上不协调,或者在任何需要身体平衡的事情上缺乏技巧。

这种恐惧最具体的表现就是害怕自己精神失常。当这种恐惧比较显著的时候,它可能是促使患者寻求精神治疗的主要原因。在这种情况下,患者的恐惧还来自一种被压抑的冲动,即他想去做各种疯狂的事情,这些事情主要是破坏性的,而且无须承担责任。然而,不能因为患者害怕精神失常,就认为他可能真的疯了。它通常只是暂时的,只有在极度痛苦的情况下才会出现。它带给患者最大的挑战是对理想化形象的威胁,或者是日益加剧的紧张(主要来自无意识的愤怒)危及他过度的自控。例如,一位自认为性情温和且勇敢的女性,在面对困境感到无助、忧虑和愤怒时,她就会开始恐慌。她的理想化形象曾像铁箍一样把她捆成一体,但现在突然断裂了,她害怕自己会因此支离破碎。我们已经说过,当一个回避型的人被迫离开他的避难所,并与他人近距离接触时——例如,他不得不参军或者跟亲戚住在一起时,他就可能会感到恐慌。这种恐慌也可能表现为对精神失常的担忧,而且可能真的会精神疾病发作。在分析时,当患者竭尽全力创造出一种虚假的和谐,却突然意识到自己处于分裂状态时,也会产生类似的恐惧。

分析已经证实,患者对精神失常的恐惧最主要是由无意识的愤怒引起的。当这种恐惧减弱之后,残留的部分会变成一种担忧，即患者担心在无法自控的情况下，可能会侮辱、殴打甚至杀死别人，还会担心自己在睡梦、醉酒、麻醉或性兴奋的情况下实施暴力。愤怒本身可以是有意识的，或者在意识中表现为强迫性的暴力倾向，尽管没有付诸行动。另一方面，愤怒也可能是完全无意识的；在这种情况下，患者所能感觉到的只是突然袭来的莫名恐慌，可能还伴随着出汗、头晕或担心自己会晕倒，这表明患者有一种潜在的恐惧，即担心暴力冲动有可能会失控。当这种无意识的愤怒被外化时，患者可能会害怕打雷、鬼魂、窃贼和蛇等，也就是说，对他自身之外任何潜在的破坏性力量产生恐惧。

但说到底，对精神失常的恐惧没有那么常见。恐惧最突出的表现还是担心失去平衡。通常，这种恐惧以更隐蔽的方式发挥作用。它以模糊、不确定的形式出现，可能因为日常生活的任何改变而加剧。有这种恐惧的人可能对旅行、搬家、换工作、雇佣新仆人等事情深感不安。只要有可能，他就尽量避免这样的改变。由于改变会威胁稳定的状态，它可能是阻止患者接受分析的因素之一，特别是当他找到了一种比较舒适的生活方式。当他与分析师讨论分析的可取之处时，他会关心那些看起来很合理的问题，比如：分析会瓦解他的婚姻吗？会使他暂时丧失工作能力吗？会让他变得易怒吗？会影响他的宗教信仰吗？正如我们将要看到的，这些问题部分是由患者的绝望引起的，他认为不值得冒任何风险。不过，在他关注的问题背后还有一个真正的忧虑：他需要分析师保证分析不会破坏他的平衡。在这种情况下，我们基本可以断定，患者的平衡是特别不稳定的，因此分析也会困难重重。

分析师能够给患者他想要的保证吗？不，他做不到。每一次分析都注定会造成暂时的不安。然而,分析师所能做的就是寻找这些问题的根源,向患者解释他真正害怕的是什么,并且告诉他,虽然分析会打破当前的平衡,但也会给他一个机会,在更坚实的基础上建立新的平衡。

害怕暴露自我

另一种由神经症患者的防护结构带来的恐惧是害怕暴露自我。它的根源在于这种防护结构在发展和维护自身的过程中采取了大量的伪装。在后文谈论未解决的冲突对道德造成的损害时,我们将具体描述这些伪装。现在,我们只需指出,神经症患者想要在自己和他人面前表现得与真实的自我有所不同,他希望自己更和谐、更理性、更慷慨、更强大或更冷酷。很难说他是害怕在自己面前暴露,还是更害怕在他人面前暴露。在意识层面,他最关心的是别人,他越是把自己的恐惧外化,就越担心别人看穿他。在这种情况下,他可能会说,他对自己的看法并不重要;他可以从容地接受自己的缺点,只要别人还被蒙在鼓里就行。尽管事实上不可能,但他在意识层面就是这么想的,这也表明了外化的程度。

对暴露的恐惧可能表现为一种模糊的感觉,觉得自己在弄虚作假,或者对自己并不担心的某些特质变得牵挂起来。患者可能害怕自己不像别人认为的那样聪明、能干、有教养、有魅力,所以把这种恐惧转移到了那些并不能反映他性格的特质上。正如一位患者回忆道,在青少年时期,他一直担心自己在班上成绩第一是靠弄虚作假得来的。每次转学时,他都确信这次会被揭穿,即使他又拿了第一,这种恐惧依然存在。他感到非常困惑,却找不到原因。他无法洞察自己的问题，因为他的思路是错误的：他对暴露的恐惧与他的智力完全无关，只不过是被转移到了智力领域。实际上，这种恐惧与他无意识的伪装有关，他假装自己是一个不关心成绩的好学生，而事实上，他却有一种强烈的战胜别人的破坏性需要。

从这个例子中，我们可以得出一个贴切的概括：患者害怕自己在弄虚作假，这种恐惧总是与某些客观因素有关，但通常不是他自己认为的那个。从症状上看，他最突出的表现是脸红或害羞。因为患者害怕被暴露的内容是一种无意识的伪装，所以，如果分析师注意到了患者害怕被暴露，而认定他有一些感到羞愧和隐藏的经历并试图寻找，那么他将犯下一个严重的错误。这位患者可能并没有隐瞒任何类似的事情。接下来，患者变得越来越害怕，觉得自己身上肯定有一些很坏的、在无意识中不愿被揭露的东西。这种情况有利于自我谴责式的反省，但不利于建设性的工作。他可能会详细讲述自己的风流韵事或破坏性冲动。但是，只要分析师没有意识到患者陷入了冲突，而他只是在分析其中的一个方面，患者对暴露的恐惧就会一直存在。

对神经症患者来说，任何一个意味着考验的情境都可能引发他对暴露的恐惧。这些情境包括：开始一份新工作、结交新的朋友、进入一所新学校、参加考试、出席社交场合，或是任何可能使他引人注目的活动，即使只是参与一场讨论。通常，患者在意识中认为的害怕失败实际上是害怕暴露，因此，成功并不能减轻这种恐惧。他只会觉得这一次他"挺了过来"，但是下一次呢？如果他失败了，他只会更加确信自己一直在弄虚作假，而且这一次原形毕露了。这种感觉会导致患者极度羞怯，尤其是在面对新的环境时。另一个后果是在面对他人的喜欢或欣赏时，患者会表现出过分的小心谨慎。他会有意或无意地想："他们现在喜欢我，但如果他们真的了解我，就会有不同的感觉了。"当然，这种恐惧是分析的一个部分，因为分析的明确目的就是"查明真相"。

每一种新的恐惧都需要一套新的防御措施。患者为防止暴露而采取的措施有两种相反的类型，如何使用则取决于患者的整个性格结构。一方面，患者倾向于回避任何类似考验的情境，如果无法回避，他就会谨言慎行，克制自我，并戴上一副让人看不透的面具。另一方面，患者在无意识中试图成为一个完美的造假者，无须害怕任何暴露。后一种态度并不仅仅是防御性的：口若悬河、自吹自擂也会被攻击型患者所用，以给他想利用的人留下深刻印象；因此，任何质疑他们的举动都会遭到狡猾的反击。在此，我指的是那些公然表现出施虐倾向的人，稍后我们将看到这一特质如何与患者的整个性格结构相一致。

害怕被忽视、羞辱和嘲笑

如果我们回答了下面两个问题，就会理解患者对暴露的恐惧：一是患者害怕暴露的是什么？ 二是万一暴露了，他怕的又是什么？ 第一个问题我们已经回答过了。若要回答第二个问题，我们必须谈到另一个产生于防护结构的恐惧，即患者对被忽视、羞辱和嘲笑的恐惧。这一防护结构的不稳定导致了患者害怕平衡被打破，无意识的欺骗滋生了患者对暴露的恐惧，而对羞辱的恐惧来自患者受伤的自尊。我们在其他章节也谈到了这一问题。创造理想化形象和外化都是患者在试图修复受损的自尊，但正如我们所看到的，这两种方法只会进一步损害患者的自尊。

如果纵览自尊在神经症发展过程中发生的变化,我们会看到一个类似跷跷板的过程。当患者现实的自尊水平下降时,一种不真实的骄傲就会随之上升——感觉自己异常优秀、特别上进、非常独特、无所不能、无所不知。另一种情况是,神经症患者会极力贬低真实的自我,却相应地努力抬高他人的地位。通过压抑、理想化和外化的过程,患者的真实自我已经黯然失色;即使还没有变成影子,但他感觉自己已经像影子一样无足轻重。与此同时,他对别人的需要和对别人的恐惧,不仅使这些人更加令人生畏,而且更加不可或缺。因此,患者的重心更多地落在别人而不是自己身上,并把属于自己的权利拱手让给别人。这样做的后果就是,患者过分看重别人对他的评价,而他的自我评价变得无关紧要。这使得别人的意见对他具有压倒性的力量。

以上过程综合在一起,解释了神经症患者为何那么容易感受到忽视、羞辱和嘲笑。每一种神经症都包含了这些过程,因此,患者在这方面表现敏感是很正常的。如果我们认识到患者害怕被忽视存在多方面的根源,就会明白消除乃至减轻它并不是一项简单的任务。它只能随着整个神经症的好转而缓解。

总之,害怕被忽视、羞辱和嘲笑的结果就是使神经症患者远离别人,使他对别人怀有敌意。但更重要的是,这种恐惧使神经症患者无法施展自己的才能。他们不敢对别人抱有任何期望,也不敢为自己设定较高的目标。他们不敢靠近那些看起来比自己厉害的人;即使他们可能很有见解,也不敢随便发表意见;即使他们拥有创造力,也不敢随便运用这种能力;他们不敢让自己有吸引力,不敢给人留下深刻印象,不敢寻求更好的职位,等等。即使有时他们在这些方面跃跃欲试,但一想到被人嘲笑的场景,便停滞不前了,退回到自己的矜持和自尊中寻找安慰。

害怕发生任何改变

　　神经症患者身上还有一种恐惧,比我们描述过的其他恐惧都更难觉察,它可以被视为所有恐惧的浓缩。与其他恐惧一样,它也来自神经症的发展过程,即患者害怕自己身上出现任何改变。患者对改变会采取两种极端的态度:要么让整个事情变得含糊不清,感觉在未来某个时刻会奇迹般地发生改变;要么在不甚了解的情况下,就迫不及待地做出改变。在第一种态度中,患者内心怀有这样的看法:只要发现问题或承认自己的缺点就足够了。如果说为了实现自我,就必须改变自己的态度和倾向,患者会深深地感到震惊和不安。他们自然会明白这个道理,但在无意识中仍然拒绝接受。第二种态度恰好相反,患者会无意识地假装发生了改变。在某种程度上,这种改变只是一厢情愿,来自患者无法忍受自己的任何不完美,但同时也取决于他无意识的全能感——只要希望困难消失,就足以让它烟消云散。

　　患者害怕改变的背后包含了许多种情况。其一是担心情况变得更坏,也就是说,失去理想化形象,变成自我鄙弃的模样,变得像芸芸众生一样,或者经过分析后变成一个空壳。此外,还包括了患者对未知的恐惧,害怕不得不放弃已有的安全感和满足感,特别是放弃追逐那些可能解决问题的幻影。最后,还有患者对无法改变的恐惧;在讨论了神经症患者的绝望之后,我们会更好地理解这种恐惧。

　　所有这些恐惧都源于神经症患者未解决的冲突。但是,如果我们追求的是最终实现人格的整合,就必须把自己暴露在恐惧面前,所以它们也是我们面对自己时所遇到的障碍。可以说,它们如同炼狱,我们必须在其间徘徊,才能得到最后的救赎。

第十章 对人格的破坏

....

　　生活在未解决的冲突中，不仅会导致精力分散，还会导致道德本质上的分裂。

探讨未解决的冲突带来的后果，就像走进一片广袤无垠而未经开垦的沙漠。我们或许可以通过讨论某些症状性疾病来思考这个问题，比如，抑郁、酗酒、癫痫或精神分裂症，从而更好地理解具体的症状。然而，我倾向于从更普遍有利的角度来审视它，并提出这样一个问题：那些未解决的冲突对我们的精力、人格完整和幸福有什么影响？这样做，是因为我深信，如果不了解这些症状性疾病最根本的人性基础，我们就无法理解它们的内涵。现代精神医学寻求用一种简单的理论公式来解释所有的症状，考虑到临床医生的工作就是处理这些症状，这种做法也无可厚非。但是，这种做法的可行性甚小，更别说科学性了，它就像一个建筑工程师要建造一个空中楼阁一样。

与我们所谈问题有关的一些因素前面已经提到过，在此只需加以阐述。另外一些因素在前面的讨论中已经暗示过，还需要补充一些加以讨论。我们的目的不是要给读者留下一种模糊的印象，即未解决的冲突是有害的，而是向读者传达一个相当清晰和全面的画面，说明冲突对人格造成的破坏。

精力的浪费

患者带着未解决的冲突生活,最主要的影响是造成一种破坏性的精力浪费。这种浪费不仅是冲突本身造成的,还因为所有为消除冲突而做出的错误尝试。当一个人在根本上处于分裂状态,他永远不可能一心一意地专注于某件事情,他总是想要追求两个甚至更多相互矛盾的目标。这意味着,他要么分散了自己的精力,要么白费了自己的努力。

第一种情况就像培尔·金特这样的人,他们的理想化形象诱使他们相信自己能在任何事情上都出类拔萃。例如,有个女人,她想要成为一位理想的母亲、完美的厨师、美丽的女主人,穿着得体,能够发挥突出的社会和政治作用,既是尽职的妻子,又是相伴的情人,并做着自己喜欢的工作。不用说,这是不可能做到的。她想要所有的事情都成功,注定会一事无成。无论拥有多大的潜能,她的精力最终会被挥霍殆尽。

第二种情况更普遍,患者虽然追求单一的目标,但由于动机相互矛盾彼此阻碍而遭遇失败。例如,有一个人想跟人交朋友,但他又盛气凌人、为人苛刻,所以他的想法永远实现不了。另一个人希望自己的孩子在社会上出人头地,但他又不肯放权,而且还自以为是,因此阻碍了这个愿望的实现。还有个人想写一本书,但每当他不能立即写出想说的话时,他就会头痛欲裂或者极度疲惫。在这个例子中,还是理想化形象在作祟:既然他是大才子,为什么不能文思泉涌呢?当他写不出东西时,他就会对自己发脾气。另一个人打算在会议上提出一个有价值的想法,但他不仅希望一鸣惊人,让别人相形见绌,而且希望得到大家的赞赏,无人持反对意见。与此同时,由于自我鄙视的外化,他又担心受到别人的嘲笑。结果就是,他根本无法思考,即使他原本有一点想法也永远不会实现。还有一个人,他是一个很好的组织者,但由于他的施虐倾向,周围的人都对他产生了敌意。我们不需要举更多的例子,只要看看自己或周围的人,就会发现许多这样的情况。

对于这种缺乏明确方向的情况,有一个明显的例外。有时,神经症患者会表现出一种惊人的目标专一性:男人可能会为了他们的野心而牺牲一切,包括尊严;女人可能除了爱情什么都不要;父母可能把他们的全部心思都放在孩子身上。这些人给人留下一心一意的印象。但是,正如我们已经表明的那样,他们实际上是在追求一种海市蜃楼,以为这样拼尽全力就能解决他们的冲突。这种表面上的一心一意,与其说是人格的整合统一,不如说是一种不顾一切的绝望。

消耗和浪费患者精力的并非只有相互冲突的需要和冲动,防护性结构中的其他因素也有同样的作用。由于对基本冲突的某一部分进行压抑,患者人格的很大部分被遮蔽了。但那些被遮蔽的部分仍然非常活跃,足以对患者造成干扰,却不可能起到建设性的作用。因此,这一过程造成了患者精力的损耗,而这些精力本可以用于建立自信、合作以及良好的人际关系上。除此之外还有一个因素,那就是对自我的疏离,也会剥夺一个人的动力。虽然他仍是一名优秀的员工,甚至可以在很大的压力之下努力工作,但当他只能依靠自己时,他就无所适从了。这不仅意味着他不能在空闲时间做任何有建设性或令人愉快的事情,也意味着他所有的创造力都可能被浪费掉了。

在大多数情况下,许多因素组合在一起造成了大范围的弥散性压抑。为了理解并最终消除某种压抑,通常必须反复地分析和研究它,从我们讨论过的各种角度来解决它。

精力浪费的三个原因

(一)犹豫不决

精力的浪费或损耗可能源于三种主要的困扰,它们都是未解决的冲突的表现。第一个是遇事总是犹豫不决。它可能表现在所有事情上,无论是一桩小事,还是头等大事。患者可能永远都在摇摆不定:吃这道菜还是那道菜?买这个皮包还是那个皮包?去看这部影片还是那部影片?他可能无法决定选择哪一种职业,或者如何去发展他的职业生涯。他无法在两个女人之间做出选择,无法决定要不要离婚,无法决定是活着还是死去。一个必须做出而又不可挽回的决定对患者将是一种真正的折磨,可能会使他惊慌失措、精疲力竭。

尽管患者的犹豫不决表现得很明显,但他们往往没有意识到这一点,因为他们会在无意识中竭力避免做任何决定。他们习惯了拖延;他们"没有时间"去做事;他们让自己听任于机会,或者把决定权留给他人。他们可能还会把问题越搞越复杂,以至于根本无法做出决定。由此造成的漫无目标、无所事事,患者通常浑然不觉。因为患者使用许多无意识的手段来掩盖无处不在的犹豫,所以分析师很少听到这方面的抱怨,而实际上它是一种普遍的障碍。

(二)效率低下

精力被分散的第二个原因是做事效率普遍低下。在这里,我说的不是在某个特定领域内表现拙劣,这种可能是由于训练不够或兴趣不足而致。我说的也不是威廉·詹姆斯(William James)在一篇有趣的论文中所描述的那样①：当一个人不屈服于自身的疲劳或外部的压力时，他就能爆发出巨大的潜能。这里说的效率低下，是指一个人由于内心的冲突而无法发挥他的最大潜能。就好像他在驾驶一辆汽车，同时又不停地踩刹车，那么车速必然缓慢。有时候这样确实是适用的，但他所做的每一件事，无论从他的能力还是任务本身的难度来说，都不应该如此慢吞吞。这并不是说他不够努力；相反，他做任何事总是付出过度的努力。例如，撰写一份几百字的报告，或者掌握一个简单的机械操作，他可能要花上好几个小时。

阻碍他行动的因素当然是多样的。他可能无意识地反抗让他感觉强迫的东西；他可能被驱使着去完善每个细枝末节；他可能对自己感到愤怒——就像上面那个例子一样，因为他没有一鸣惊人地表达观点。这种效率低下不仅表现为行动缓慢，还可能表现为笨拙或健忘。如果一个女仆或主妇觉得命运不公——自己才华横溢却还要做笨重的粗活，那么她就不会把工作做好。而且，她的效率低下通常不仅限于做家务，而是会渗透到所有的活动中。从主观角度来看，这意味着在扭曲的状态下工作，不可避免的结果就是极易疲劳和需要大量的睡眠。在这种情况下，任何一种工作都会耗费他更多的精力——就像一辆汽车，如果刹车抱死，开起来就很遭罪。

这种内在的扭曲和效率低下一样，不仅存在于工作中，而且在人际交往中也表现得非常明显。如果一个人想要表现得友好，但同时又厌恶这种做法，因为他觉得这是在逢场作戏，那他

---

① 威廉·詹姆斯，《记忆与研究》(*Memories and Studies*)，朗曼格林书局 1934 年版。

就会显得矫揉造作;如果他想要得到某样东西,但又觉得别人应该双手奉送,那他就会表现得粗鲁无礼;如果他既想坚持己见,又想顺从别人,那他就会犹豫不决;如果他既想与人交往,又担心遭到拒绝,那他就会显得羞怯;如果他既想与伴侣发生性关系,又想挫败伴侣,那他就会表现得很冷淡;等等。冲突越是普遍存在,生活中的扭曲就越严重。

有些患者意识到了这种内在的扭曲;但更多时候,他们只有在特殊情况下才会意识到它的存在。有时候,当他们感到放松、自在和从容时,这种对比会一下子让他们意识到扭曲的存在。由此造成的疲劳通常被他们归因于其他因素,比如体质虚弱、工作过度、睡眠不足。确实,这些因素都可能导致疲劳,但远没有患者认为的那么重要。

(三)惰性

精力浪费的第三个原因是普遍的惰性。有此症状的患者常常会责备自己懒惰,但实际上,他们不可能一边懒惰一边享受其"乐"。他们可能会有意识地厌恶任何努力,并把这种想法合理化,认为自己只要有想法就够了,而"细节"也就是具体工作,可以交给其他人来做。厌恶努力也可能表现为一种恐惧,即害怕努力会伤害自己的身体。这种恐惧是可以理解的,因为他们感觉自己极易疲劳。如果医生只看到了这种表面的疲劳,那么他的建议可能会增强这种恐惧。

神经症的惰性意味着主动性和行动力的丧失。一般来说,这是因为个体出现了强烈的自我疏离,并且缺乏目标指导。长期的紧张和令人不满意的努力,使得神经症患者常常无精打采,尽管有时忙碌会打破这种状态。对这种状态影响最大的因素是患者的理想化形象和施虐倾向。在生活中必须不懈地努力,这一事实让他感到羞辱,这无异于说明他不是自己的理想化形象。一想到自己所做的不过是平凡琐事,他就宁愿什么也不做,只是在幻想中施展拳脚。自卑的折磨一直伴随着他的理想化形象,剥夺了他的自信,让他觉得自己干不了任何有价值的事情,从而埋没了所有的动力和乐趣。至于施虐倾向,特别是当其遭到压抑时(倒错的施虐),会使患者回避任何带有攻击性的事情,结果会导致不同程度的精神障碍。

普遍的惰性具有特别重要的意义,因为它不仅遮蔽了人的行动,还遮蔽了他的情感。未解决的神经症冲突所浪费的精力是无法估量的。因为神经症从根本上说是特定文明的产物,所以这种对人类天赋和品质的破坏正是对我们文明制度的严正控诉。

道德的分裂或道德受损

生活在未解决的冲突中,不仅会导致精力分散,还会导致道德本质上的分裂。所谓道德本质,也就是道德准则,是影响一个人与他人关系以及自我发展的所有情感、态度和行为。正如精力分散会造成浪费一样,道德的分裂导致患者丧失了一心一意的能力;换句话说,它损害了患者的道德完整性(integrity)。这种损害是由患者矛盾的观念,以及掩盖矛盾的企图所造成的。

不相容的道德观也存在于基本冲突中。尽管患者竭力使其协调,但它们仍然各行其是。然而,这意味着,患者没有也不可能认真对待这些道德观。理想化形象尽管包含了真实理想的元素,但它本质上是一种伪装。对患者本人或未经训练的观察者来说,它就像伪造的支票一样难以辨别。正如我们所看到的,神经症患者可能真诚地相信他在追寻理想，会因为每一个失误而责备自己，让人觉得他兢兢业业、严于律己；或者，他会醉心于思考和谈论人生理想和价值观。尽管如此，我断言，患者并没有认真对待他的理想，也就是说，这些理想对他的生活没有约束力。当理想很容易实现或很有用的时候，他就会付诸行动，而一旦时过境迁，他便将它们抛在脑后。我们在讨论盲点现象和隔离现象时见过这样的例子。对于认真对待理想的人来说，这种情况是不可想象的。如果这些理想是发自内心的，他们不可能轻易将其抛弃；不会像某些人那样，虽一再声称自己对某项事业无比忠诚，但一旦受到诱惑，他就会变成叛徒。

总而言之，道德完整性受损的表现就是真诚减少，自私增加。值得注意的是，在禅宗著作中，真诚意味着一心一意（wholeheartedness），这正是我们在临床观察的基础上得出的结论，即任何内心分裂的人都是不可能完全真诚的。

弟子：我听说当狮子抓捕猎物时，不管是野兔还是大象，它都会全力以赴，请告诉我这是一种什么力量？

师父：真诚的精神（直接地说，就是不欺之力）。

所谓真诚，即不欺，意味着"献出一个人的全部"，确切地说，就是"全身心地投入行动"……毫无保留，没有伪装，没有浪费。当一个人这样生活时，他就是一头金毛雄狮，他就是男子气概、真诚和一心一意的象征，他就是一位圣人。①

---

① 铃木大拙，《禅宗及其对日本文化的影响》（*Zen Buddhism and Its Influence on Japanese Culture*），东方佛教协会出版社（东京），1938 年。

道德受损的表现

自私是一个道德问题,因为它要求别人服从自己的需要。这类患者不会把别人当作有其自身权利的同胞,而仅仅将其视为达到目的的手段。他去安抚或喜欢别人,是为了缓解自己的焦虑;他给别人留下深刻印象,是为了提升本人的自尊;他去责备别人,是因为自己不愿承担责任;他必须击败别人,是因为自己需要成功。

道德受损的具体表现因人而异。其中大多数已在其他地方论述过,这里只需要系统地回顾一下。我并不打算讲得详尽无遗,那样太费力了,像是我们尚未讨论过的施虐倾向就必须放到后面再说,因为它被视为神经症发展的最后阶段。我们先从最明显的表现开始,不管神经症有怎样的发展过程,其中一个关键因素总是无意识的伪装。其突出的表现如下所示:

(一)假装爱人

"爱"这个词涵盖了太多的情感和渴求,或者主观上的爱的感觉,其种类繁多令人惊讶。它可以指一个人期望寄生于另一个人,前者觉得自己太软弱、太空虚,无法独立生活。[1] 在一种更具攻击性的形势下,它可能表现为渴望利用伴侣,通过对方获得成功、名望和权力。它可能还表达了一种想征服某人并凌驾于他的需求,或者让自己与对方融合,并通过对方来过自己的生活,甚至以施虐的手段来达到目的。它还可能是一种获得赞美的需求,确保自己的理想化形象得到肯定。因为在我们的文明

---

① 卡伦·霍尼,《自我分析》,第八章,病态的依赖。

中,爱很少是一种纯粹的情感,其中充满了虐待和背叛,所以我们就有了这样的印象:爱会变成轻蔑、仇恨或冷漠。但是,真正的爱不会那么容易变质。事实是,产生虚假之爱的情感和渴求最终原形毕露了。不用说,这种伪装不仅发生在两性关系中,也发生在亲子关系和朋友关系中。

(二)假装善良

假装善良、无私、同情等,与假装爱人是相似的。它是顺从型人格的典型特征。患者通过特定的理想化形象,以及他对所有攻击冲动的清除,强化了这种伪装。

(三)假装"知道"

假装感兴趣和"知道",在那些情感疏离的人身上最为明显,他们相信只有智力才能掌控生活。他们假装自己什么都知道,对什么都感兴趣。这种假装也会以一种更隐晦的方式表现在另一些人身上。这些人看起来奉献于某项特殊的使命,却没有意识到自己只是把这种兴趣作为追求成功、权力或物质利益的垫脚石。

(四)假装诚实

假装诚实和公正最常见于攻击型的人,特别是那些有明显的施虐倾向的人。他看穿了别人假惺惺的爱和善良,并认为自己没有染上惯常的虚伪,没有假装慷慨、爱国、虔诚,所以他远比别人诚实。实际上,他也有自己的虚伪之处。他没有流行的偏见,可能是因为对传统价值观的盲目抗议。他选择说"不",并不是因为他强大,可能只是因为他想要挫败别人。他的坦率可能只是想嘲弄和羞辱他人。在他所谓正当的个人兴趣背后,可能隐藏着利用别人的欲望。

(五)假装受苦

假装受苦必须更详细地加以讨论,因为关于它有许多令人困惑的观点。遵循弗洛伊德理论的分析师和外行人都相信,神经症患者想要被虐待,想要担惊受怕,想要受到惩罚。神经症患者想要受苦这一观点已有大量的证据,但是,"想要"这个词实际上涵盖了许多智力上的问题。提出这一理论的学者没有意识到,神经症患者所遭受的痛苦远比他自己所知道的要多,而且通常只有在开始康复时,他才会意识到自己的痛苦。更重要的是,这些人似乎不明白,未解决的冲突带来的痛苦是不可避免的,完全独立于个人意愿之外。如果一个神经症患者使自己四分五裂,当然不是因为他想给自己带来伤害,而是因为内心的需要迫使他这样去做。如果他极度谦卑,一边脸挨打之后还会把另一边脸递过来,他至少在无意识中是讨厌这样做的,并因此瞧不起自己。但是,他对自己的攻击性又如此恐惧,以至于必须走向另一个极端,让自己以某种方式受到虐待。

人们认为神经症患者想要受苦,还有一个原因是,患者倾向于将任何痛苦夸大或戏剧化。确实,患者可能出于不可告人的动机去感受和表现出痛苦。他可能是为了得到关注或原谅;可能在无意识层面想要利用别人;也可能是不想让别人看出他的报复心,痛苦成了他牵制别人的手段。但是,考虑到神经症患者内心的纠结,他只能用这些方法来实现某种目的。确实,他经常把自己的痛苦归咎于错误的原因,因此给人一种他在莫名其妙地受苦的印象。他可能会感到沮丧,并将其归因于自己的"过失",而实际上,他是因为没有达到自己的理想化形象而痛苦。或者,当他与所爱的人分离时,可能会感到失落,他认为这是因为自己爱得深沉,但实际是因为他无法忍受独自生活。最后,当患者内心充满愤怒时,他可能会扭曲自己的情绪,认为自己在受苦。例如,一个女人因为情人没有按时给她写信,她可能认为自己很痛苦,但实际上是在愤怒,因为她希望事情能如其所愿地发展,她觉得任何忽视都是对她的羞辱。在这种情况下,她在无意识中选择了痛苦,而不愿承认愤怒以及导致愤怒的神经冲动。她之所以强调痛苦,是因为它可以遮掩她在整个关系中的两面性。然而,在所有这些例子中,我们都无法推断出神经症患者想要受苦,他们所表现的是无意识的受苦假象。

(六)无意识的自大

一种更特殊的人格损害是患者形成了无意识的自大。再次强调,这里指的是,患者把自己并不具有或基本上不具有的品质完全据为己有,并在无意识中觉得自己有权对他人提出要求,或贬损他人。所有神经质的自大都是无意识的,因为患者意识不到自己的要求有何问题。这里的区别不在于患者的自大是否是有意识的,而在于他的自大是明显的,还是隐藏在过分的谦虚和道歉背后。区别在于患者表现出的攻击性的大小,而不在于自大的程度。在一种情况下,一个人会明目张胆地要求特权。在第二种情况下,如果别人没有给予他特权,他就会觉得受到伤害。在这两种情况下,患者缺乏的都是现实的谦逊,也就是说要承认——不仅在口头上,而且发自内心地——所有人都有缺点,都不完美,尤其是自己也是如此。

根据我的经验,所有患者都不愿意想到或听到任何关于自己的缺点,那些有潜在自大倾向的患者尤其如此。他宁愿毫不留情地责备自己忽视了某些东西,也不愿像圣保罗(St. Paul)一样承认"我们的知识是零碎的"。他宁愿为自己的粗心或懒惰而自责,也不愿承认人们无法在任何时候都同样高效。潜在自大最确定的迹象就是患者存在明显的矛盾：一方面是自责和道歉，另一方面是内心对任何批评或忽视都感到愤怒。通常，分析师需要仔细观察才能发现患者这些受伤的感觉，因为过分谦虚的人很可能会压抑它们。但实际上，他可能和公开表现出自大的人一样苛刻，批评起别人来也一样尖锐，尽管表面上他对别人表现出谦卑的崇拜。然而，在私下里，他希望别人像自己一样完美，这意味着他对别人的独特性缺乏真正的尊重。

（七）立场不明

另一个道德问题是，神经症患者立场不明以及由此产生的不可靠。他们很少会根据一件事的客观情况而采取立场，而是以自己的情感需要为依据。然而，由于这些情感需要相互矛盾，患者很容易从一种立场转换为另一种立场。因此，许多神经症患者都容易摇摆不定，他们会在无意识中被说服，被更多的喜爱、威望、认可、权力和"自由"诱惑而改变立场。这种情况适用于他们所有的人际关系，无论是个人关系还是群体关系。患者通常无法坚持自己对别人的感觉或意见。一些毫无根据的流言蜚语就有可能改变他们的看法。一些失望或轻视的感觉，或是让他有这种感觉的事情，就足以让他放弃一个"很好的朋友"。稍微遇到一点困难就可能使他们的热情消失殆尽。他们可能会因为一些个人恩怨而改变自己在宗教、政治或科学方面的观点。他们可能会在私人谈话中表明立场，但只要一些权威人物或团体施加压力，他们就会做出让步——往往还不知道自己为什么会改变观点，甚至不知道自己已经改变了观点。

神经症患者可能会无意识地避免明显的摇摆不定，他从不第一个发表意见，而是"骑墙观望"，给每一个选择留下余地。他可能指出实际情况错综复杂，从而使这种态度合理化；或者，他可能被迫追求一种"公平正义感"。毫无疑问，真正追求公平是非常有价值的。而且，真正追求公平的愿望也确实使人在许多情况下难以采取明确的立场。但是，公平也可能是理想化形象的一个强迫性属性，它的功能是使人不必表明立场，同时又让人觉得自己像个圣人，摆脱了偏见之争。在这种情况下，患者倾向于不加辨别地相信两种观点实际上没有矛盾，或者相信争论的双方各有道理。这是一种虚伪的客观性，使人无法认清事物的本质。

在这个问题上，不同类型的神经症在表现上有很大差异。最诚实正直的是那些回避型的人，他们远离了神经质依恋和竞争的漩涡，也不容易被"爱"或野心贿赂。而且，他们对生活所采取的旁观者态度，往往使他们的判断具有较大的客观性。但并不是每个回避型的人都能表明立场。他可能非常讨厌争论或表明态度，以至于在他的头脑里，根本没有明确的立场。他要么把问题弄得含糊不清，要么只是记录好和坏、有效和无效，而没有得出自己的任何信念。

另一方面，攻击型患者的表现似乎反驳了我的断言，即神经症患者一般很难表明自己的立场。特别是如果他倾向于自以为是，就似乎格外有能力表达鲜明的立场，捍卫并坚持它们。但这种印象具有欺骗性。攻击型患者表达鲜明的观点，往往是因为他自以为是、固执己见，而不是因为他有真正的信念。由于这些信念可以消除他的一切疑虑，所以往往带有一种独断专行甚至狂热的性质。此外，他可能会受到权力或成功的诱惑而改变自己的观点，他的可靠性也会因为对权力和认可的渴求而大打折扣。

对责任的态度

　　神经症患者对责任的态度可能会令人非常困惑。部分是因为"责任"这个词本身含义众多。它可能指的是尽心尽力地履行职责或义务；在这个意义上，神经症患者是否负责取决于他的性格结构，这并不是所有神经症的共同点。某些患者认为，对他人负责意味着只要自己的行为影响了其他人，就要为此承担责任；但这种影响也可能是支配他人的委婉说法。某些患者认为，承担责任就意味着要承受责备；这种态度可能只是在表达一种愤怒情绪，气自己不是理想化形象的那个样子，在这个意义上，它其实与责任没有任何关系。

　　如果我们清楚为自己负责真正意味着什么，我们就会明白，对任何神经症患者来说，承担责任即使不是不可能，也是十分困难的。

　　首先，它意味着患者实事求是地向自己和他人承认，自己的意图、言语和行动是什么样的，并愿意为此承担后果。这种做法与撒谎或推卸责任正好相反。对神经症患者来说，在这种意义上为自己负责是很困难的，因为他通常不知道自己在做什么，或者为什么要这样做，甚至在主观上也不想知道。这就解释了他为何常常想方设法来逃避责任，比如否认、遗忘、贬低、找借口、感到被误解，或者感到迷惑不解。而且，由于他经常把自己置身事外或为自己开脱，他很容易认为，他的妻子、合作伙伴或分析师应该对出现的任何困难负责。

　　另一个因素经常导致他无法承担自己行为的后果，甚至看不到这些后果，那就是他内心潜在的无所不能的感觉。在这种全能感的基础上，他希望自己能做任何想做的事并逃脱惩罚。当他认识到那些不可逃避的后果时，这种感觉就会被击得粉碎。

最后一个与此相关的因素，乍一看像是智力上的缺陷，即患者无法从因果关系的角度去思考问题。神经症患者通常给人的印象是，他们天生只会根据错误和惩罚来考虑问题。几乎每位患者都觉得分析师在责备他，而实际上分析师只是让他面对自己的困难及后果而已。在分析情境之外，他可能觉得自己像一个罪犯，总是受到怀疑和攻击，因此一直处于防御状态。事实上，这是内心过程的外化。正如我们所见，这些怀疑和攻击根源在于他的理想化形象。正是这种找茬和防御的内心过程，加上它的外化，使患者几乎不可能在关涉自己时考虑因果关系。但只要不涉及他自己的困难，他就可以和别人一样实事求是。比如，因为下雨，街道变湿了，他不会问这是谁的错，而是接受这种因果关系。

此外，当我们说为自己承担责任时，意思是说，能够为我们认为正确的事情挺身而出；而当我们的决定或行动被证明有错时，能够承担后果。若一个人被内心冲突所分裂，这一点是很难做到的。他应该或能够捍卫内心的哪一种冲突倾向呢？这些冲突当中没有哪一个代表了他真正想要或相信的东西。他真正能够捍卫的只有他的理想化形象。然而，这个理想化形象不允许他出任何差错。因此，如果他的决定或行动带来了麻烦，他就必须篡改事实，并把不利后果归咎于他人。

举一个简单的例子就可以说明这个问题。某个组织的一位领导渴望拥有无限的权力和威望。他希望没有他，什么事情、什么决定都做不了。他不会让自己把工作委派给其他人，即使他们受过专业训练，更有能力处理好这些事务。在他心里，他比任何人知道得都多。此外,他不希望其他人变得不可或缺。他还没达到自己的期望,只是受时间和精力的限制而已。但是,这个人不仅想支配别人,还想顺从别人,想做一个超级大好人。由于这些未解决的冲突,他身上便有了我们描述过的所有特征:惰性、嗜睡、犹豫不决和拖延等,因此他无法妥善安排自己的时间。他觉得守约是一种无法忍受的胁迫,所以他私下里喜欢让别人等他。此外,他还做了很多无关紧要的事情,只是因为那样可以满足他的虚荣心。最后,他还想成为一个居家好男人,这也消耗了他大量的时间和心血。自然而然,他所领导的组织无法很好地运转。但是,他看不到自己有什么缺陷,只会把责任推到别人身上,或者归咎于不利的环境。

让我们再问一遍,他可以为自己人格中的哪一部分负责呢?是为他的支配倾向,还是为他的顺从和迎合的倾向?首先要指出的是,他对这两种倾向都没有意识。但即使他意识到了,也无法在其中做出取舍,因为这两者都带有强迫性。此外,他的理想化形象不允许他看到自己的其他东西,只能看到完美的优点和无限的能力。因此,他无法为冲突运作所不可避免的后果承担责任。因为那样做的话,他一直向自己隐瞒的东西就会全部暴露出来。

一般来说,神经症患者尤其厌恶(在无意识层面)为自己行为的后果承担责任。即使后果非常明显,他也会视而不见。由于不能消除内心的冲突,他便坚持认为(再次是无意识的)自己是如此强大,应该能够对付这些冲突。他认为,其他人才要考虑后果,对他来说不存在这个问题。因此,他必须不断回避对因果关系的任何认识。但只要他向这一切敞开心扉,就可以得到巨大的收益。因为这些认识极其有力地证明了,他的生活方式是行不通的,就算他用尽无意识的阴谋诡计,也无法改变人类精神生活的规律,这些规律与物理世界的法则一样牢固。[①]

事实上,整个责任问题根本引不起神经症患者的兴趣。他只看到或隐约感觉到责任问题的消极方面,他没有看到,而且只能慢慢领悟的是,由于回避责任,他对独立的热切追求也终将落空。他以为消除一切承诺就可以获得独立,而实际上,承担责任并对自己负责,才是实现内心真正自由的必要条件。

不负责任的策略

为了不承认问题和痛苦源于自己内心的困境,神经症患者会选择以下三种策略,而且经常是三种策略并用。

第一种策略将外化运用到了极致,从食物、气候、体质到父母、妻子或命运,这一切都可能成为责怪的对象,被认为是造成灾难的原因。或者,患者可能采取这样的态度:因为他没有做错任何事,所以任何不幸对他来说都是不公平的。他生病、衰老或死亡,他婚姻不幸、孩子调皮或工作得不到认可,这些统统都不公平。这种想法,不管是有意识的还是无意识的,都是错上加错,因为它不仅排除了患者应该承担的责任,还将所有与他生活有关的外在因素都抹得干干净净。然而,患者这么做有自己的一套逻辑。

第二种策略是回避型患者的典型想法,他完全以自己为中心,这种自我为中心使他不可能把自己看成更大链条中的一个小环节。他想当然地认为,在特定的社会体系和特定的时间里,

---

① 参见林语堂的《啼笑皆非》。在《因果报应》那一章节,就西方文明对这些精神法则缺乏了解的状况,作者表示极为震惊。

他应该得到生活的所有好处，但他却不愿与人发生任何关系，不管是有益还是有害的。因此，他不明白为什么没有卷入任何事情，还是免不了要承受烦恼。

第三种策略与患者拒绝承认因果关系有关。在他看来，事情的结果都是孤立呈现的，与他本人或他的困境毫无关系。例如，他会认为，抑郁或恐惧似乎是突如其来的。当然，这可能是因为他对心理的无知或者缺乏观察。但在分析中，我们可以看到，患者对任何不易觉察的联系都极力否认。他可能一直怀疑甚至忘掉这些联系；或者，他可能觉得，分析师非但没有快速解决问题——这正是他看心理医生的目的——反而把"责任"推到他身上，从而狡猾地保住自己的面子。因此，尽管患者可能逐渐熟悉了与其惰性有关的因素，但他对这样一个明显的事实视而不见：他的惰性不仅延缓了分析的进度，还拖累了他所做的一切。或者，有的患者可能逐渐意识到自己对别人的攻击和贬损的行为，但他不明白自己为什么经常与人吵架、被人讨厌。这些存在于他内心的困难是一回事，但实际的日常问题又是另一回事。把内心的烦恼与其对生活的影响分离开来，正是他的隔离倾向的主要根源之一。

神经症患者拒绝承认其态度和冲动造成的后果，这种拒绝在很大程度上是隐藏的，并且很容易被分析师忽视，因为在分析师看来，这种因果关系是如此显而易见。这种情况是不幸的，除非患者意识到他对后果的忽视以及为什么这样做，否则不可能意识到他在多大程度上对自己的生活造成了干扰。在分析中，让患者意识到后果是最有效的治疗因素，因为它让患者认识到：只有改变自己的内心，他才能获得自由。

分析师必须关注道德

如果神经症患者不能为自己的虚伪、傲慢、自私负责,甚至逃避责任,我们还能从道德角度来谈论问题吗?有人认为,作为医生,我们只需要关心患者的病情以及治疗,而道德问题不是我们管辖的范围。也有人指出,弗洛伊德的伟大功绩之一就是推翻了"道德主义"态度,而这种态度却是我觉得应该大力主张的!

这些观点看起来很科学,但它们真的站得住脚吗?在评判人类行为的时候,我们真的可以抛弃是非对错吗?心理分析师决定需要分析什么,不需要分析什么,难道不是基于他自己的道德判断来决定的吗?这种隐含的判断存在一个危险,即它们很可能是基于过于主观或传统的理由而做出的决定。所以,分析师可能认为,男人的风流韵事不需要分析,而女人的放荡值得仔细研究。或者,他认为在性驱动下的放荡是正常的,反而觉得无论对男人还是女人,忠贞不贰倒是需要分析的。事实上,我们应该根据患者具体的神经症类型来做出判断。我们要回答的问题是,患者所采取的态度是否有害于他的发展,以及他与别人的关系。如果这种态度是有害的,那么就是错误的,就需要进行分析。分析师下结论的理由,应该明确地向患者说明,以便他能在这个问题上有自己的判断。

最后还要问一句,上述观点不是包含了与患者思维同样的谬误吗?也就是说,难道我们所说的道德只是一个如何判断的问题,根本不是一个带有后果的事实?让我们以神经质的自大为例。不管患者是否对此负责,它都作为一个事实存在。分析师认为,自大是患者应该认识并最终克服的一个问题。分析师

164

之所以采取这种态度,难道不是因为他在主日学校^①学到,自大是一种罪过而谦卑是一种美德吗？或者,他的判断是基于这样一个事实:自大在现实中是行不通的,会产生不利的后果,且不可避免地要患者来承担,不管他是否为此负责。自大的后果是阻碍了患者认识自己,从而阻碍了他的发展。此外,自大的患者还容易待人不公,再次造成的后果是:不仅使他不时地与别人发生冲突,而且使他普遍地疏远别人。这只会让患者更深地陷入神经症。因为患者的道德问题部分来自他的神经症,部分又维持着他的神经症,所以分析师别无选择,必须关注道德问题。

① 主日学校(Sunday school),英美等国在星期日为在工厂做工的青少年提供宗教教育和识字教育的免费学校。——译者注

第十一章 绝望

随着年龄的增长，一个又一个希望的破灭，人们才更愿意把自己视为痛苦的可能来源。

　　尽管神经症患者内心有冲突,偶尔也能获得满足,能够享受他自己觉得和谐的事情,但他的快乐依赖于太多的条件,注定不可能经常出现。例如,他必须独自一人,或者必须与人分享,才会感到快乐;他必须主宰整个局面,或者必须得到各方认可,才会感到幸福。让他快乐的条件常常是矛盾的,所以他快乐的机会非常渺茫。他可能很高兴有一个人来领导,但同时又对此感到不满。一个女人可能既享受丈夫的成功,但同时又对此感到嫉妒。她可能喜欢搞聚会,但她必须把每一件事都做得完美,以至于聚会还没开始,她就已经筋疲力尽了。神经症患者就算确实找到了暂时的快乐,也很容易被自己的各种脆弱和恐惧所破坏。

　　不仅如此,日常生活中的小灾小难在他的头脑中都会犹如大难临头。任何无关紧要的失败都可能使他陷入抑郁,因为这证明了他这个人没有价值,即使失败是因为不可控的因素。任何无伤大雅的批评都可能使他满心忧郁或思前想后。因此,他在生活中通常比一般人更不快乐、更不满意。

绝望的影响

这种情况本来已经够糟糕了,但还会因为另一个因素继续恶化,那就是绝望。只要有希望,人们就可以承受巨大的痛苦。但是,神经质患者的纠结总是会产生某种程度的绝望;而且内心越纠结,绝望就越严重。这种绝望可能被藏得很深:在表面上,患者可能一心想着或盘算如何使事情变得更好。男性患者会想,如果他结婚了,有一间更大的公寓,换一个领导,或者换一个妻子,情况就会好起来;女性患者可能会想,如果她是个男人,再成熟一点或年轻一点,再高一点或不那么高,那么一切就好办了。有时,消除这些令人不安的因素确实很有帮助。然而,更多时候,这种希望只会使内心的困难外化,注定要令人失望。神经症患者期望外部变化给他带来一个美丽新世界,但又不可避免地把他自己和他的神经症带入新世界中。

依赖外在的希望在年轻人中更为普遍。这也说明了为什么对年轻患者进行分析没有想象的那么简单。随着年龄的增长,一个又一个希望的破灭,人们才更愿意把自己视为痛苦的可能来源。

即使普遍的绝望感是无意识的,但它的存在和力量可以从各种迹象中推断出来。在患者的人生经历中,可能会有一段插曲表明,他对失望的反应强烈而持久,远远超出正常反应的尺度。因此,某人可能会因为青春期的单相思、朋友的背叛、不公正的解雇、考试的失败,而遭遇一种彻底的绝望。当然,人们首先会试图弄清楚,这种强烈的反应背后究竟有什么特殊的原因。但是,除了任何特殊原因外,人们通常会发现,不幸的经历往往会让人感到深深的绝望。同样,对死亡的关注或随时出现的自杀念头,不管有没有付诸行动,都表明了患者存在普遍的绝望,即使他表面上看起来很乐观。普遍的轻率、玩世不恭的态度,不管是在分析中还是生活中,与遇到困难时立即选择放弃一样,是绝望的另一个迹象。

弗洛伊德所定义的"消极治疗反应",大部分也属于这一范畴。获得新的领悟尽管可能很痛苦,却不失为一条出路。但对绝望的患者来说,这只会让他灰心丧气,因为他不愿再次经历克服新问题的艰难。有时候,似乎是患者不相信自己能够克服困难;但实际上,这反映出了他的绝望,不相信能够从这个过程中获益。在这种情况下,他抱怨某种领悟伤害或吓到了他,并怨恨分析师打乱了他的节奏,这是合乎逻辑的。另一方面,整天想着预见或预言未来也是绝望的一种表现。尽管从表面上看,这似乎是常见的对生活的焦虑,担心遭遇不测,担心犯下错误,但是我们可以看出,在这种情况下,患者的观点总是带着悲观的色彩。就像卡珊德拉①一样,许多神经症患者预见的大部分都是坏事,很少有好事。这种关注生活中阴暗面而不是光明面的做法,使我们怀疑患者内心隐藏着一种绝望感,不管这种感觉在理智上如何被合理化。

最后,还有一种慢性的抑郁状态,它可能非常隐蔽,以至于让人不觉得是抑郁。在这种状态下的患者可以正常地工作和生活。他们可以过得很愉快,也可以玩得很开心,但每天早上可能要花几个小时才能起床去面对生活,就好像是去再次忍受生活。在他们看来,生活是一种永恒的负担,以至于他们见怪不怪,也

---

① 卡珊德拉(Cassandra),希腊神话中特洛伊的公主,阿波罗的祭司,因不从阿波罗而被诅咒:凡她的预言都将言中,但谁也不信,而且她的预言全是不吉利的。——译者注

不会抱怨。但是,他们的情绪永远都处在低谷。

虽然绝望的根源总是无意识的,但绝望本身可以被患者意识到。患者可能有一种普遍的厄运感。或者,他对生活采取一种顺从的态度,也就是听天由命,从不期望有什么好事,只觉得生活是必须忍受的。他还可能用哲学话语来表达这种感觉,说人生本质上是悲剧性的,只有傻瓜才认为人的命运是可以改变的。

在初次面谈中,分析师可能就对患者的绝望有了一个印象。比如,他不愿做出最微小的牺牲,不愿承受哪怕是一点点的不便,不愿冒哪怕是一点点的风险。因此,他可能给人一种过于任性的印象。但事实是,如果他认为从牺牲中得不到任何好处,当然觉得没有理由做出牺牲。在分析之外,我们也可看到类似的态度。他一直生活在自己极不满意的情境中,尽管只要付出一点努力,稍微积极主动一点,这种情况就可以得到改善。但是,他可能已经被绝望完全麻痹,以至于对他来说,再正常的困难都似乎是一座无法逾越的大山。

有时候,一句不经意的话就会让这种情况浮出水面。分析师只是说某个问题还没解决,需要进一步分析,这时,患者可能会回答:"你不觉得这是没有希望的吗?"当患者意识到自己的绝望时,他通常也解释不清楚缘由。他可能将其归咎于各种外部因素,从他的工作、婚姻到国家的政治局势等。但是,这种绝望并非来自任何具体或暂时的环境。问题在于,他对自己的人生感到绝望,觉得永远不可能幸福或自由,觉得所有让他生活有意义的事情都对他绕道而行了。

关于绝望,也许克尔凯郭尔给出了最深刻的答案。在《致死的疾病》一书中,他说道,从根本上说,所有的绝望都是对不能成为自己的绝望。各个时代的哲学家都强调成为自己的重要性，以及无法实现愿望时随之而来的绝望。成为自己也是禅宗著作的中心主题。在现代学者中，我只引用约翰·麦慕理（John Macmurray）[①]说的一句话："除了完全地成为我们自己，还有其他更重要的事情吗？"

绝望的根源

绝望是未解决的冲突的最终产物，它的根源在于患者对一心一意、保持统一丧失了希望。正是不断累积的神经症问题导致了这种情况。患者感觉自己被困在冲突中，就像是笼中之鸟，无法自我解脱。最重要的是，所有解决方案的尝试不仅失败了，还使他与自己越来越疏远。患者反复失败的经历加剧了这种绝望感——他的才能从来没有发挥得当，不是因为精力一再被分散到太多方面，就是因为在创造性工作中遇到的困难阻止了他继续前进。这种情形也出现在他的恋爱、婚姻和友谊中，它们都接二连三地触礁。这种反复的失败实在是让人沮丧，就像实验室里小白鼠，习惯性地跳到某个出口寻找食物，但它们跳了一次又一次，却发现此路根本不通。

此外，患者还承受着另一种绝望，那就是无法达到他的理想化形象。很难说，这是不是导致绝望的最主要因素。但毫无疑问的是，在分析中，当患者逐渐意识到他远不是自己想象中那个独特完美的人，他的绝望就会越发明显。在这个时候，他感到绝望，不仅因为他永远达不到那种幻想的高度，更因为这种认识触

[①]　约翰·麦慕理，《理性与情感》（*Reason and Emotion*），阿普顿世纪出版公司1938 年版。

发了他深刻的自卑。这种自卑让他不再期望获得任何东西，不管是在爱情还是在工作中，都是如此。

最后，还有一个因素导致了患者的绝望，那就是他将生活重心从自己内部转移到了外部，并使自己不再作为生活中的能动者。这样做的后果就是，他对自己以及对自己作为一个人的发展失去了信心。他开始自暴自弃，这种态度虽然容易被忽视，但它的后果却很严重，足以称作"心灵的死亡"。正如克尔凯郭尔[①]所说："尽管他很绝望……但他仍可以……继续生活下去，作为一个凡人，就像看起来那样，忙碌于凡尘琐事，结婚生子，赢得荣誉和地位——也许没有人注意到，在更深层的意义上，他没有自我。像这样的事情，在世人看来没有什么大惊小怪的。因为自我是世上最没有人过问的东西。对一个人来说，世间最危险的事情就是让人知道他有自我。但实际上，最大的危险是一个人失去自我，它可能悄无声息地来临，就好像什么都不曾发生。而其他的损失，不管是失去一只胳膊、一条腿，还是五美元、一位妻子，都必然会引起我们注意。"

分析师对绝望的忽视

根据我的督导经验，大多数分析师没有正视绝望这个问题，所以也没有对它进行恰当的处理。我的一些同事曾被患者的绝望弄得痛苦不堪——他们意识到了这一点，但并没有给予足够的重视——最后他们自己也变得绝望了。这种态度对分析师来说当然是致命的，因为无论分析的技巧有多高，付出的努力有多

---

① 克尔凯郭尔，《致死的疾病》，版本同前。

大,患者都认为分析师实际上已经放弃他了。在分析之外,情况也是如此。如果我们不相信一个同伴可以实现自己的潜能,那么我们就不可能成为这个同伴的良师益友。

有时候,我的同事们又会犯相反的错误,他们太过关注患者的绝望了。他们觉得患者需要鼓励,于是就给他们鼓励——这是值得赞扬的,但还远远不够。当分析师这样做时,患者即使理解分析师的好意,但他仍然有理由生气,因为患者心里清楚,他的绝望仅凭善意的鼓励是无法消散的。

为了直接处理这个问题,首先有必要从上面提到的间接迹象中认识到患者的绝望,以及他绝望的程度。然后,我们必须理解,他的绝望完全是由内心的冲突引起的。分析师必须意识到并明确地向患者传达:只有维持现状并认为它不可改变,他的处境才是绝望的。契诃夫的《樱桃园》(*Cherry Orchard*)中有一个场景简洁地说明了这个问题。面临破产的一家人,一想到要离开自己的庄园包括心爱的樱桃园时,他们就感到绝望。一位事务专家提供了一个合理的建议:在庄园里再盖一些小房子以供出租。由于观念守旧,他们无法接受这个建议,又由于没有其他的解决方案,他们仍然处于绝望之中。他们继续无助地询问,有没有人能给他们建议或帮助,就好像没有听过这个建议一样。如果让一位优秀的分析师提供建议,他会说:"当然,这种情况十分困难。但真正让事情变得绝望的是你们自己对它的态度。如果你们能改变自己对生活的要求,就不会再感到绝望了。"

是否相信患者真的可以改变,也就是说,是否相信他能真正解决自己的冲突,决定了分析师是否敢于处理患者的问题,以及是否有足够大的机会取得成功。在这一点上,我与弗洛伊德存在较大的分歧。

弗洛伊德的心理学及其背后的哲学在本质上是悲观的。这从他对人类未来的看法①,以及他对待治疗的态度②中都可以看得一清二楚。基于他的理论假设,弗洛伊德只能是悲观主义者。他认为,人是受本能驱动的,而本能最多只能通过"升华"来修正。人类追求满足的本能欲望必然受到社会现实的挫败。他的"自我"无助地辗转于本能冲动和"超我"之间,而"自我"最多也只能被修正。"超我"的主要功能是禁止和破坏。真正的理想状态是不存在的。所谓的追求自我实现,不过是人的"自恋"。人的本质是破坏性的;"死亡本能"迫使他要么毁灭别人,要么让自己受苦。所有这些理论都没有为积极改变的态度留下多少空间,同时也限制了弗洛伊德所开创的治疗方法的价值。

相比之下,我认为神经症中的强迫性倾向并不是本能的,而是源于人际关系的紊乱。当患者的人际关系得到改善,这些倾向就可以被改变,由此而产生的冲突也可以真正得到解决。这并不意味着,基于我所提倡的原则的治疗方法没有任何局限。在弄清楚这些限制之前,我们还有许多工作要做。但这确实表明,我们有充分的理由相信,根本的改变是有可能的。

处理绝望的价值

那么,为什么识别和处理患者的绝望如此重要呢?首先,这种做法对于处理抑郁、自杀倾向等特殊问题很有价值。诚然,通

---

① 西格蒙德·弗洛伊德,《文明及其不满》(*Civilization and its Discontents*),载《国际精神分析文库》第 17 卷,莱昂纳多和弗吉尼亚·伍尔夫编,1930 年。

② 西格蒙德·弗洛伊德,《可终止与不可终止的分析》(*Analysis Terminable and Interminable*),载《国际精神分析杂志》,1937 年。

过揭示患者当时陷入的特定冲突，我们也可以缓解他的抑郁状态，而不必触及他普遍的绝望。但是，如果我们想要阻止抑郁复发，就必须处理这种绝望，因为它是产生抑郁的深层根源。除非我们去探寻这个源头，否则无法解决患者潜在的慢性抑郁。

对于自杀倾向，情况也是如此。我们知道，像强烈的绝望、反抗和怨恨等因素会导致人的自杀冲动。但是，在这种冲动凸显出来之后，想要阻止自杀已经太迟了。如果我们能密切关注不那么明显的绝望迹象，并在适当的时间与患者讨论这个问题，那么许多自杀事件是可以避免的。

更有普遍意义的是，患者的绝望对任何神经症的治疗都是一个障碍。弗洛伊德倾向于把一切阻止患者好转的因素称为"阻抗"。但是，我们不能从这个角度来看待绝望。在分析中，我们必须研究阻滞和推进之间的相互作用，也就是研究阻力与动力。阻抗是一个总称，包括了患者内心用来维持现状的所有力量。另一方面，患者身上也有一种建设性的力量，促使他去获得内心的自由。这种力量也是我们工作的动力，没有它，我们可能一事无成。正是这种力量帮助患者去克服他的阻抗。它使患者的联想更有成效，并因此使分析师有机会更好地理解他；它让患者能够凭借这种力量，去忍受成长过程中不可避免的痛苦；它使患者甘愿承担风险，放弃曾给他带来安全感的态度，转而以全新的态度对待自己和他人。分析师不能把患者拖入这个过程，一定是患者自己愿意才行。然而，这种宝贵的力量正是因为绝望而瘫痪了。如果分析师没有认识到这种力量并加以引导，那么，在与患者的神经症斗争的过程中，他就失去了最得力的盟友。

患者的绝望不是仅凭简单的解释就能解决的问题。如果患者不再被他心中的宿命感所吞没，而是开始认识到它是一个可以解决的问题,那么就已经取得了实质性的进展。迈出这一步会使患者获得充分解放,使他可以继续前进。当然,这条道路也会蜿蜒曲折。如果患者获得了一些有益的见解,他可能会变得乐观,甚至过于乐观;但是,一旦遇到更令人沮丧的情况,他就会再次陷入绝望。尽管每次都必须重新处理这个问题,但只要患者意识到他可以真正改变,绝望对他的钳制就会有所松动,他的动力也会相应增强。在分析开始时,患者的这种动力可能仅限于一个想法,即摆脱最令他不安的症状;但是,当患者越来越意识到自己身上的枷锁,当他尝到了自由的滋味,这种动力就会越来越强。

第十二章　施虐倾向

那些失去希望的人会变得极具破坏性，但同时又企图通过替代性的生活求得补偿。在我看来，这就是施虐倾向的含义。

那些陷入神经症式绝望的人,会设法以各种方式"继续生活"。如果患者的创造力没有受到太大损害,他们可能还会自觉地接受个人生活的现状,专注于自己可以有所作为的领域。他们可能投身于某项社会活动或宗教活动,或者效力于某个组织。他们的工作可能是有价值的;尽管他们缺乏热情,但也没有心怀叵测,所以也就无关紧要了。

另一些患者则使自己适应了特定的生活模式,可能不再产生怀疑,但也没有赋予它太多意义,只是努力履行自己的义务。作家约翰·马昆德在《时间太少》(*So Little Time*)中就描述了这种生活。我认为,这也是埃里希·弗洛姆①所描述的"匮乏"状态,与神经症状态形成对照。不过,我更愿意把这种状态看作神经症过程的结果。

另一方面,患者可能会放弃所有严肃或有希望的追求,转向生活的边缘,试图从中攫取些许快乐,在某种嗜好或放纵中寻找

---

① 埃里希·弗洛姆,《神经症的个人与社会根源》(*Individual and Social Origins of Neurosis*),《美国社会学评论》第 9 卷,1944 年第 4 期。

乐趣,比如,佳肴、美酒或风流韵事。或者,他们可能会随波逐流、自甘堕落,最终分崩离析。由于不能从事任何稳定的工作,他们开始酗酒、赌博和嫖娼。查尔斯·杰克逊在《失去的周末》中所描述的酒精成瘾,就反映了这种状态的最终阶段。谈到这一点,我们或许可以饶有趣味地思考一下:患者在无意识层面决定分崩离析,是否会成为促发某些慢性疾病的重大心理因素,比如肺结核和癌症?

施虐倾向的含义

最终,那些失去希望的人会变得极具破坏性,但同时又企图通过替代性的生活求得补偿。在我看来,这就是施虐倾向的含义。

弗洛伊德认为施虐倾向出自本能,所以,精神分析的兴趣一直集中在所谓的施虐反常行为上。日常人际关系中的施虐模式虽然没有被分析师忽略,但也没有得到严格界定。任何武断或攻击的行为都被认为是本能的施虐倾向的修正或升华。例如,弗洛伊德认为对权力的追求是一种升华。诚然,对权力的追求可能是施虐性质的;但是,对于一个把人生视作一场战争的人来说,他对权力的追求只能代表为生存而战。实际上,它可以跟神经症毫无关系。缺乏区分的结果就是,我们既没有全面了解施虐倾向的形式,也不知道任何界定施虐行为的标准。我们几乎只凭直觉来断定哪些是施虐倾向,哪些不是;在这种情况下,很难进行合理的观察。

单是伤害别人,这种行为本身并没有施虐倾向。一个人如果卷入了个人或集体的斗争,在此过程中,他不仅要伤害他的对手,还可能会伤害他的同伴。他对别人的敌意也可能是反应性的。一个人感觉受到了伤害或惊吓,并想要狠狠反击,尽管客观上说,他的反应与挑衅不成比例,但他主观上认为这很有必要。然而,我们在这个问题上容易自欺欺人:有太多自认为合理的反应,实际上却是施虐倾向在起作用。尽管这两者很难区分,但并不意味着反应性的敌意就不存在。最后,对于攻击型患者所使用的各种攻击策略,我们也不应该视为施虐性质的;因为他们觉得自己是在为生存而战,虽然其他人可能会在这个过程中受伤,但这种伤害或破坏只是不可避免的副产品,而不是攻击者的主要意图。简而言之,我们可以说,虽然这里提及的许多行为是攻击性的,甚至是敌意的,但它们并非出于卑劣的意图。在伤害别人的过程中,患者也没有获得有意或无意的满足。

典型的施虐态度

作为比较,让我们来看一些典型的施虐态度。在那些肆无忌惮地表现出施虐倾向的人身上,我们可以清楚地看到这种态度,无论他们自己对此是否有意识。在下文中,当我提到施虐者时,我指的就是这个人对别人的态度具有明显的施虐倾向。这类人典型的施虐态度包括:

(一)奴役他人

他可能想要奴役别人,尤其是奴役他的伴侣。他的"受害者"必须是一个超级奴隶,不仅没有愿望、没有情感、没有主动性,而且对主人也没有任何要求。这种施虐倾向可能会以塑造或教育"受害者"的形式出现,就像《皮格马利翁》①中的希金斯(Higgins)教授塑造伊莉莎(Eliza)那样。在最好的情况下,这种表现可能有建设性的一面,比如父母抚养孩子,或老师教育学生。偶尔,这一面也表现在性关系中,尤其是当施虐的一方更成熟时。有时候,在一方年长一方年少的同性恋关系中,这一点也显而易见。

但即使是这样,当被奴役的一方想要走自己的路、结交自己的朋友或为自己谋利时,主人便会露出邪恶的本性。通常(尽管并非总是),主人会被一种占有性的嫉妒所困扰,并将其作为一种折磨对方的手段。这种虐待关系的特点在于,主人对控制受害者的兴趣远远大于对自己生活的兴趣。他宁愿不顾自己的事业,放弃与别人交往的乐趣或利益,也不愿给予他的伴侣任何独立的空间。

他奴役伴侣的方式也很有特点。这些方式大同小异,并取决于双方的性格结构。施虐者会给伴侣一些小恩小惠,让他觉得这段关系值得去维护。他也会满足伴侣的某些需求,但从心理上讲,很少超过对方生存的最低标准。他会让对方牢记,他所给予的是多么独一无二。施虐者会告诉伴侣,没有人能给他这样的理解、支持,给予他这么多的性满足或关注;而且,没有人能够这样忍受他。此外,他还会用美好的未来引诱伴侣,他会含蓄或直白地向对方承诺爱情或婚姻,以及更好的经济状况和待遇。

有时候,施虐者会强调自己对伴侣的需要,以此来吸引对方。上述这些策略都特别有效,由于施虐者的占有欲极强并极

---

① 《皮格马利翁》(Pygmalion),萧伯纳创作的话剧。希腊神话中塞浦路斯国的国王皮格马利翁雕刻了一座美丽的少女像,对她倾注了极大的心血,后来这座少女像竟化为真人。——译者注

善贬低对方,他把受虐者与其他人隔离开来。如果伴侣变得足够依赖,施虐者最终又会威胁要离开他。施虐者可能还会采用更多的恐吓手段,但这些手段有其自身的特点,我们将另行讨论。当然,如果不考虑伴侣的性格特征,我们也无法理解在这段关系中发生了什么。这些伴侣通常是顺从型的,他们害怕被抛弃;或者,他们深深压抑了自己的施虐倾向,并因此显得很无助,我们稍后会讨论这种情况。

基于这种关系产生的相互依赖,不仅会引起被奴役者的怨恨,而且会引起奴役者的不满。如果奴役者喜欢独处,有离群索居的需要,那么,他会对伴侣占用了他大量的心思和精力感到不满。由于没有意识到是他自己制造了这些束缚,他可能还会责备伴侣对他过于依赖。在这种情况下,他想要抽身而出,既是一种恐吓伴侣的手段,也是他恐惧和不满的表现。

（二）玩弄他人

并不是所有的施虐者都渴望奴役别人。另一种施虐者喜欢玩弄别人的情感,就像玩弄乐器一样,并从中获得满足。克尔凯郭尔在《诱惑者日记》(*Diary of the Seducer*)中,描写了一个对生活一无所求的人,是如何完全投入到这场游戏中的。他知道什么时候表现出兴趣,什么时候表现出冷淡。他能够敏感地预测和观察女孩对他的反应。他知道什么能挑起她的情欲,什么能抑制她的情欲。但他的敏感仅限于施虐游戏的需要:他完全不关心这种经历对女孩的生活意味着什么。那些在克氏小说中有意识的精明算计,在现实情况中更多是无意识的。但它们是同一个游戏,都是有关吸引和拒绝、诱人和抛弃、抬高和贬低,既带来欢乐也带来悲伤。

（三）利用他人

第三种典型的施虐态度是利用对方。利用别人并不一定都是施虐倾向，也可能只是为了获取利益。在施虐者的利用中，获益可能是其中一个因素，但这种利益往往并不实际，与他投入的情感也完全不相称。对施虐者来说，利用他人本身就充满了激情。重要的是，他体验到了战胜对方的快感。这种施虐色彩尤其表现在利用他人的手段上。施虐者的伴侣直接或间接受制于不断增加的要求，如果他们没有满足这些要求，就会因此感到内疚或羞愧。施虐者总能找到各种理由表达不满，认为自己受了不公平的待遇，并因此提出更多的要求。

在《赫达夫人传》（*Hedda Gabler*）中，易卜生形象地向我们说明，即使这些要求得到了满足，施虐者也从不会表示感激；而且，这些要求本身正来源于伤害他人并控制他人的冲动。这些要求可能涉及物质层面，比如性需求或者是职业上的帮助；也可能是施虐者想要特别的关怀、专一的奉献和无限的宽容。这些要求在内容上并不一定是施虐性质的，真正表明施虐性质的是，患者期望伴侣使用任何可能的方法来填补他情感空虚的生活。在赫达夫人的身上就有这样的表现，她经常抱怨自己感到无聊，渴望兴奋和刺激。像吸血鬼一样，施虐者需要吸食他人的情感活力来滋养自己，这种需要通常是完全无意识的。但是，这很可能就是利用他人的欲望的根源，就是对他人提出过分要求的土壤。

（四）挫败他人

当我们意识到，施虐者同时还存在挫败他人的倾向时，利用的性质就更加清晰了。如果说施虐者从来不想付出，那我们就错了。在某些情况下，他可能非常慷慨。施虐者的典型特征并不是吝啬小气,而是一种更加主动但无意识的冲动——去挫败他人,扼杀他们的快乐,让他们的期望落空。伴侣的任何满足或快乐,几乎不可避免地会激发施虐者以某种方式进行破坏。如果伴侣期待见到他,他往往会表现出一副不高兴的样子;如果伴侣想要性爱,他经常会表现出性冷淡或性无能。任何积极正面的事情,他要么从来不做,要么以失败告终。他浑身散发着忧郁的气质,就像被打了镇静剂一般。

用奥尔德斯·赫胥黎(Aldous Huxley)的话来说,那就是:"他什么都不用做,他只要在那里就够了。人们只要被他感染,就会变得枯萎灰暗。"他接着说道:"这是多么优美的权力意志,多么高雅的残酷,多么神奇的天赋! 这种忧郁的感染力,可以摧毁最高昂的精神,扼杀所有的欢乐。"①

(五)贬低和羞辱他人

与上述态度同样重要的是,施虐者还倾向于贬低和羞辱他人。他热衷于寻找别人的短处,发现他们的弱点并指出来。他凭直觉就知道别人对什么敏感,并可能会受伤害。他喜欢根据自己的直觉无情地贬损和批评别人,这种行径可能会被合理化为诚实坦率或者乐于助人。他可能认为自己对他人的能力和正直产生了怀疑,因而由衷地感到困扰——但假如别人质问他这种怀疑是否真诚时,他便会惊恐不安。这种倾向也可能只表现为怀疑他人。患者可能会说:"要是我能相信那个人就好了!"可是在他的梦中,他把那个人变成蟑螂、老鼠等各种可憎的东西,他怎么可能相信那个人呢? 换句话说,怀疑他人可能只是他在

---

① 奥尔德斯·赫胥黎,《时间必须停止》(*Time Must Have a Stop*),哈珀兄弟出版公司 1944 年版。

心里贬低他人的结果。如果施虐者没有觉察到他的贬低态度，他也许只能意识到由此产生的怀疑。

这种态度用喜欢吹毛求疵来形容，似乎比简单地说成是一种倾向更恰当。他不仅把探照灯对准他人实际的缺陷，而且极其善于把自己的缺点外化，以此来诬告别人。例如，如果他自己的行为惹恼了别人，他会立即对那个人的情绪波动表现出关注甚至蔑视。如果情绪波动的一方对他不够坦诚，他就会责备对方在隐瞒或说谎。他还会责备对方过于依赖他，其实正是他自己想方设法让对方如此。这种伤害不仅仅是言语上的，还伴随着各种轻蔑的行为。此外，带有羞辱性质的性行为也是其表现形式之一。

当这些驱力都被挫败，或者形势发生逆转时，施虐者会觉得自己被控制、利用或嘲弄了，从而表现出近乎疯狂的愤怒。所以，在他的想象中，对那个冒犯者施以再大的苦刑也不为过：他恨不得踢他、打他，把他大卸八块。反过来，这种施虐性的愤怒也可能被压抑，并引起急性恐慌的症状或功能性的躯体障碍，这两者都表明患者内心的紧张加剧了。

施虐倾向的意义

那么，这些施虐倾向到底有什么意义呢？是什么样的内在需要，迫使一个人做出如此残忍的行为？假设施虐倾向是性变态的一种表现，这在事实上是没有根据的。确实，施虐倾向可以表现在性行为中。我们所有的性格倾向都必然会在性方面表现出来——就像会表现在我们的工作方式、步态和笔迹中一样；就此而言，施虐倾向也不例外。同样，许多施虐性质的追求确实伴随着某种兴奋,或者正如我反复说过的,带着一种全神贯注的激情。然而,我们如果就此得出结论:这些激动或兴奋的情感在本质上与性有关,即使它们并未被如此感知;那么,这仅仅是基于每一种兴奋本身都是性兴奋的假设,但我们并没有证据来证明这一假设。从现象学角度来看,施虐的兴奋和性放纵,这两种感觉在本质上完全不同。

认为施虐冲动是儿童期虐待倾向的延续,这种看法有一定的吸引力。因为有些孩子经常残忍地对待动物或更小的孩子,而且显然从中感到了兴奋。鉴于这种表面上的相似性,人们可能会说,成人的施虐行为不过是儿童基本残忍的进一步发展。但实际上并非如此,成年施虐者的残忍在性质上是不同的。正如我们所看到的,成人虐待具有明显的特点,这些特点是孩子那种直截了当的残忍所没有的。孩子的残忍只是一种简单的因受压迫或羞辱而做出的反应,他通过对弱者进行报复来维护自己的地位。具体来说,成人的施虐倾向更加复杂,其根源也更为复杂。此外,就像每一次试图通过童年经历来解释成年人性格怪癖的做法一样,这种比较也回避了一个重要的问题:是什么因素导致了这种残忍的持续和进一步发展?

以上假设都只抓住了施虐的一个方面:一个只看到性,另一个只看到残忍,这两种解释都不能自圆其说。弗洛姆的解释也是如此,尽管他比别人更接近问题的本质[①]。弗洛姆指出,施虐者并不想摧毁他所依附的那个人,因为他无法靠自己生活,必须利用他的伴侣来完成共生。确实是这样的,但它仍然不足以解释:为什么一个人不得不去干预他人的生活,为什么这种干预会

[①] 弗洛姆,《逃避自由》(*Escape from Freedom*),法勒和莱因哈特出版公司1941年版。

采取如此特殊的方式?

（一）嫉妒

如果我们把施虐视为一种神经症症状,我们就必须像往常一样,先不去尝试解释这种症状,而是去理解形成这种症状的人格结构。从这个角度来处理问题,我们就会认识到,如果一个人对自己的生活没有深刻的空虚感,那么他不会发展出明显的施虐倾向。早在临床研究发现这种倾向之前,诗人就凭直觉感受到了这种潜在状况。在"赫达夫人"和"诱惑者"这两个例子中,他们都不可能在生活中有所作为,或者让自己的生活有意义。在这种情况下,如果一个人找不到退路,他必然会憎恨一切。他会觉得永远被生活排斥,自己永远是个失败者。

因此,他开始憎恨生活以及生活中所有积极的东西。而他的憎恨中又带着熊熊燃烧的嫉妒之火,因为他渴望某物的炽热欲望遭到了抑制。这是一个失意者的仇恨和嫉妒,他感觉自己被生活遗弃了。尼采把这种状态称为"生活在嫉妒中"(Lebens-neid)。患者觉得别人不会有他们的悲哀:"别人"坐在餐桌旁,而他在挨饿;"别人"在恋爱、创造、享乐、享受健康和自在,并且有所归属……别人的幸福和对快乐的"天真"期待,让他大为恼火。如果他得不到快乐和自由,其他人凭什么就可以呢? 用陀思妥耶夫斯基在《白痴》(Idiot)中的话来说,他无法原谅别人的幸福。他一定要践踏别人的快乐。这种态度在小说中那个患肺结核的老师身上表现得很明显:他不仅往学生的三明治里吐口水,还为自己能欺压学生而洋洋得意。这是一种有意识的、报复性的嫉妒。在施虐者身上,挫败和摧毁他人精神的倾向通常是无意识的,但其目的与那位老师一样阴险:把自己的痛苦转嫁给别人;如果别人和他一样失败和堕落,他自己的痛苦就会减轻,因为他不再觉得只有他一个人在受苦。

他缓解嫉妒的另一种方式是"酸葡萄"策略，这一策略被他运用得炉火纯青，甚至训练有素的观察者也容易被骗过。事实上，他的嫉妒隐藏得非常深，任何暗示它存在的说法都会被他嗤之以鼻。因此，他极其关注生活中痛苦、负担或丑陋的一面，这不仅表明了他的痛苦和怨恨，更表明他有心向自己证明他什么都看在眼里。他不断地吹毛求疵并贬低别人，在一定程度上也来源于此。例如，他看到一个漂亮女人，很容易注意到她身上不完美的部位；他走进一个房间，很容易观察到某种不协调的颜色或某件不合适的家具；他听一场出色的演讲，很喜欢挑出其中的不足之处。同样，别人生活中的任何错误、性格中的任何缺陷、动机中的任何不轨都会被他记在心中。如果他人格成熟，他会把这种态度归因于自己对不完美的敏感。但事实上，他的探照灯只对准别人的缺陷，对其他的一切视而不见。

虽然他缓解了自己的嫉妒，释放了自己的怨恨，但反过来，他贬低一切的态度又带来了永久的失望和不满。例如，如果他有孩子，他想到的是伴随而来的负担和义务；如果没有孩子，他又觉得缺失了人生中最重要的经历。如果没有性关系，他会觉得被剥夺了权利，并且担心禁欲的危险；如果他有性关系，他又会因此感到羞耻。如果有机会去旅行，他会因为诸多不便而烦躁；如果不能去旅行，他又认为待在家里很没面子。因为他从没想过这种长期不满的根源就在自己身上，所以他觉得有权让别人知道他们如何辜负了他，并且有权提出更高的要求，而即使这些要求实现了，他也不会感到满足。

（二）绝望和理想化形象

强烈的嫉妒、贬低一切的倾向以及由此产生的不满情绪，在一定程度上解释了某些施虐倾向。现在我们能够理解，为什么施虐者要去挫败别人、给别人制造痛苦、找别人的茬子、提出无止境的要求。但是，如果不考虑绝望对他本人有什么影响，我们就无法理解他的破坏性或傲慢自大的程度。

虽然他违背了人性最基本的要求，但他内心同时又隐藏着一个理想化形象，这个形象有着特别严格的道德标准。他是这样一种人（我们之前说过的）：对自己能否达到这样的标准感到绝望，于是有意或无意地决定"变坏"。他可能"坏"得非常彻底，并沉溺于一种不顾一切的快感之中。但这样一来，理想化形象和真实自我之间的鸿沟变得无法弥合。他感到自己无药可救，也无法被原谅。由此，他的绝望变得更深，他成了一个彻底破罐子破摔的人。只要这种状况持续下去，他实际上就不可能对自己采取建设性的态度。任何使他具有建设性的直接努力注定都是徒劳，而且暴露了我们对这种状况的无知。

他的自我厌恶非常之深，以至于他不敢正视自己。他必须加强自己的防御，使用已有的自以为是作为盔甲，进一步抵抗他的自我厌恶。最轻微的批评、忽视或者未能给予特别的注意，都会引起他的自卑，所以他必须以不公平为由予以拒绝。因此，他不得不把自己的自卑外化，然后去责备、斥责和羞辱别人。然而，这使他陷入了一个恶性循环。他越是鄙视别人，就越意识不到自己的自卑；而他的自卑越强烈，他也就越绝望。因此，他攻击别人其实是一种自我保护。这个过程可以用前面的一个例子来说明，那位患者指责自己的丈夫优柔寡断，当她意识到，她实际上是对自己的优柔寡断感到愤怒时，她恨不得把自己撕成碎片。

在这种情况下，我们开始理解，为什么施虐者必须去贬低他

我们内心的冲突

人。我们现在也能明白,他为什么常常执着于改变别人(至少是他的伴侣),这种强迫性的冲动有它自己的逻辑。因为他自己达不到理想化形象的要求,所以他的伴侣必须达到;如果这位伴侣也没有做到,他就会把对自己的无情怒火发泄到对方身上。施虐者有时会问自己:"我为什么不能不管他呢?"但很明显,只要他内心的冲突还在持续,还在外化,这种理性的考虑就毫无意义。他经常把施加在伴侣身上的压力合理化,说成是对他的"爱"或者对他"成长"的关心。毫无疑问,这根本不是爱,也不是对伴侣的关心——真正的关心是让对方按自己的本性发展。实际上,他试图强迫伴侣完成一项不可能的任务,即实现他(施虐者)的理想化形象。为了抵御自卑而滋长的自以为是,让他在这样做的时候还洋洋得意。

(三)报复心

理解了患者的内心斗争,我们就能更好地洞察施虐症状中另一个普遍的因素,即报复心。它常常像毒药一样,渗透进施虐者人格的每一个细胞。患者必然报复心强,因为他把对自己的强烈鄙视都转向了别人。由于患者的自以为是,他看不到自己在问题中应该承担的责任,所以他必然认为自己才是那个受虐待的人;同样,由于他看不到所有绝望的根源都在自己身上,他必然让别人为此负责。别人毁了他的生活,他们必须做出补偿——必须接受他的报复。这种复仇心理比其他任何因素都更能扼杀他内心的同情和怜悯。他为什么要同情那些毁了自己生活的人呢?再说,那些人比他过得还要好呢!在个别情况下,他的报复欲望可能是有意识的,例如,他想要报复父母的时候。然而,他没有意识到,这种报复心是一种弥漫的性格倾向。

施虐的积极收益

到目前为止,我们看到的施虐者是这样一个人:他感到自己被人排斥,注定失败,于是恣意妄为,以盲目的报复心向他人发泄自己的愤怒。现在我们也明白了,他通过让别人痛苦来减轻自己的痛苦。但这还不是全部的解释。仅仅是破坏性的一面并不能解释诸多施虐行为所具有的狂热激情,其中肯定还有一些更积极的收益,并且对施虐者来说是至关重要的。

这种说法似乎与"施虐是绝望的产物"这一假设相矛盾。一个绝望的人怎么还会有所期盼、有所追求呢?更重要的是,他还付出了巨大的精力。然而,事实是,从主观的角度来看,施虐者确实有相当大的收益。他在贬低别人时,不仅减轻了自己难以忍受的自卑,同时也给了自己一种优越感;他在塑造别人的生活时,不仅获得了令人兴奋的掌控感,还找到了自己生活的替代意义;他在情感上利用别人时,为自己提供了一种替代性的情感生活,从而缓解了自己的空虚感;他在击败别人时,赢得了一种胜利的喜悦,从而掩盖了自己绝望的失败。这种对报复性胜利的渴望,也许就是他最强烈的动机。

他所有的追求,都是为了满足自己对刺激和兴奋的渴求。一个心理健康、平衡的人不需要这样的刺激。一个人越是成熟,就越不关心它们。但施虐者的情感生活是空虚的,除了愤怒和胜利的喜悦之外,几乎所有的感觉都被扼杀了。他看起来了无生气,只有这些强烈的刺激才能让他感觉自己还活着。

最后但并非不重要的是,这种虐待行为给他带来了一种力量感和骄傲感,而这强化了他无意识中那种无所不能的感觉。

在分析过程中,患者对其施虐倾向的态度会经历深刻的变化。当他第一次意识到这些问题时,他很可能采取一种批判的态度。但他那种含蓄的批判并不是全心全意的,更像是对现行标准的口头承诺。他可能会间歇性地自我厌恶。然而,在此之后,当他准备放弃施虐性的生活方式时,他可能会突然感到自己即将失去特别珍贵的东西。然后,他可能第一次有意识地体验到对别人随心所欲的快感。他可能会表达担忧,担心分析把他变成一个可鄙的弱者。再一次,正如在分析中经常看到的,患者的担忧有其主观依据:由于失去了使别人满足自己情感需求的权力,他会把自己看作一个可怜而无助的人。但久而久之,他会意识到,他从施虐行为中所获得的力量感和骄傲感,只不过是一种可怜的替代品。这对他来说如此珍贵,只因为真正的力量和骄傲是他无法企及的。

当了解到这些收益的性质时,我们就会发现这种说法并不矛盾,即一个绝望的人可能正在疯狂地寻找某些东西。但他所期望的并不是更大程度的自由或者自我实现,所有构成他绝望的因素都没有改变,他也不指望改变它们。他所追求的不过是一种替代品。

他在情感上的收益也是通过替代性生活来实现的。施虐意味着通过别人来实现自己的生活,伴随着攻击性而且多半带有破坏性。这是一个彻底失败的人唯一能活下去的方式。他追求目标时的不顾一切,正是源于他的绝望。因为他已无所失,所以他定有所得。从这个意义上说,施虐者的努力有其积极的目标,应被视为一种寻求补偿的尝试。施虐者如此疯狂地追求目标,是因为在战胜他人的过程中,可以消除自己那可怜的失败感。

施虐的消极影响

然而，这些追求中固有的破坏性因素不可能对施虐者没有影响。我们已经指出了患者的自卑感在日益加重。另一个同样重要的影响是焦虑的产生。这在一定程度上是他对报复的恐惧：他害怕别人会对他以牙还牙。在他的意识中，与其说那是一种恐惧，还不如说他想当然地认为别人会"与他作对"；也就是说，如果不通过持续的攻势加以阻止，他就会遭到别人的报复。他必须保持高度的警惕，以预见和阻止任何可能的攻击，实际上，就是让自己变得不可侵犯。他对自己不可侵犯的无意识信念，经常起着相当大的作用。这给了他一种高高在上的安全感：他永远不会受到伤害，不会暴露弱点，不会发生意外或染上疾病；甚至，他永远不会死亡。尽管如此，如果他真的受到伤害，不管是人为的还是环境造成的，这种虚假的安全感就会被粉碎，他可能会陷入严重的恐慌中。

在某种程度上，他的焦虑是对自己内心爆发性和破坏性因素的恐惧——他感觉自己随身携带着一枚定时炸弹。为了控制这些危险的因素，他需要高度的自我控制和持续的警惕。如果他并不在意喝醉酒会让人放松警惕，那么当他喝醉时，这些危险因素就会浮出水面。然后，他可能会变得极具破坏性。在特定条件（对他来说意味着诱惑）下，这些冲动可能更容易被他意识到。因此，在左拉的小说《人面兽心》（*Bête Humaine*）中，当施虐者被一个女孩吸引时，他变得惊慌失措，因为这激起了他想谋杀她的冲动。目睹一场事故或任何残忍行为都可能导致患者惊恐发作，因为这些会唤醒他自己的破坏冲动。

受压抑的施虐倾向

自卑和焦虑这两个因素是施虐冲动被压抑的主要原因。压抑的广度和深度因人而异。通常,破坏性冲动只会被压抑到无法觉察的程度。总的来说,让人惊讶的是,那么多的施虐行为竟然可以在个体不知情的情况下发生。他只是偶尔意识到自己想要虐待弱者的欲望,意识到自己在读到施虐行为的描写时感到兴奋,意识到自己有一些明显的施虐幻想。但是,这些零星的一瞥仍然是孤立的。他在日常生活中对别人所做的大部分行为都是无意识的。他对自己和别人的麻木感,正是遮蔽这个问题的一个因素。除非消除这种麻木感,否则他无法在情感上体验到自己的所作所为。此外,他用来掩饰施虐倾向的策略往往足够狡猾,不仅骗过了自己,甚至骗过了受其影响的人。

我们不能忘记,施虐是严重神经症的晚期阶段。因此,施虐者会采取何种策略,将取决于产生施虐倾向的神经症结构。例如,顺从型的人会在无意识的爱的伪装下奴役他的伴侣。他的要求皆是出自他的需要。因为他如此无助,如此忧虑,病得如此严重,所以他的伴侣应该为他做些事情。因为他不能忍受孤独,所以伴侣应该陪在他身边。他会无意识地展示别人让他受了多少苦,以此间接地表达他的责备。

攻击型的人会毫不掩饰地表达施虐倾向,然而,这并不意味着他对此有更多的意识。他毫不犹豫地表达自己的不满、轻蔑和要求,但因为他觉得,除了这些是完全合理的之外,还因为他是个坦率的人。他还会外化自己对别人的轻视和利用,并以斩钉截铁的语气威胁别人,说他们如何虐待了他。

　　回避型的人在表达施虐倾向时特别不明显。他会悄无声息地挫败别人；他会随时抽身而退，以此让人感到不安；他会给人一种印象：别人正在束缚或打扰他；他会看别人闹笑话，然后自己偷着乐。

　　然而，施虐冲动可能受到更深的压抑，然后转变为所谓的"反向施虐"。在这种情况下，患者非常害怕他的施虐冲动，因此极力阻止这种冲动向自己或他人显露出来。他会回避一切类似断言、攻击或敌意的东西，结果陷入了无尽的压抑之中。

　　一个简短的概括会使我们明白这个过程。奴役他人的行为一旦被矫枉过正，就不能再下达任何命令，更谈不上承担责任或担任领导了。它使患者在施加影响或提出建议时过分谨慎，甚至连正常的嫉妒也压抑了。仔细观察便会发现，当事情没有按患者意愿发展时，他就会出现头痛、胃痛或其他症状。

　　在利用他人方面矫枉过正，便会将自谦倾向发挥到极致。它表现为：不敢表达任何愿望，甚至不敢怀有任何愿望；不敢反抗虐待，甚至不敢感觉自己被虐待了；总认为别人的期望或要求比自己的更合理、更重要；宁愿被人利用而不维护自己的利益。这样的人会陷入困境，进退两难。他害怕自己想要利用别人的冲动，但又鄙视自己的过分谦逊，他称之为懦弱。而当他被人利用时——这是很自然的事——他就陷入了一种无法解决的困境，然后出现抑郁或某种功能性障碍。

　　同样，他非但不会去挫败别人，反而会担心让他们失望，因此表现出过分的体贴和慷慨。任何可能伤害他人感情或者羞辱他人的事情，他都会极力避免。他会本能地对别人说一些"好听的"，比如一些赞美别人的话。遇到问题，他会主动把责任归咎于自己，而且会没完没了地道歉。如果一定要提出批评，他会采取最温和的方式。即使别人粗暴地对待他,他也会表示"理解"。但与此同时,他又对羞辱极其敏感,在受羞辱时痛苦不堪。

情感上的施虐倾向如果被深深压抑,可能会让人产生一种感觉,即觉得自己对任何人都没有吸引力。因此,尽管事实并非如此,但患者可能会真的相信,他对异性没有吸引力,只能捡别人剩下的。这里说的次等人的感觉,就是患者意识到的自卑感,只不过换了一种说法。但这里真正相关的是,"没有吸引力"的想法可能是一种无意识的退缩,是患者害怕"征服和拒绝"的刺激游戏。在分析过程中,我们会逐渐发现,患者在无意识中篡改了恋爱关系的整个画面。于是,一个有趣的转变将会发生:"丑小鸭"开始意识到自己吸引别人的欲望和能力,可是一旦别人认真对待他的求爱,他又会对他们表示愤怒和鄙视。

由此产生的人格图像具有欺骗性,让人难以评估。它与顺从型人格有着惊人的相似。事实上,公然的施虐者通常属于攻击型,而反向的施虐者通常由明显的顺从倾向发展而来。他可能因为在童年遭受严重打击,而被迫顺从屈服。他可能扭曲自己的情感,没有反抗压迫者,反而爱上压迫者。随着年龄的增长——也许在青春期前后——内心冲突变得难以忍受,于是他采取回避的态度寻求庇护。可当他面临失败时,他再也无法忍受离群索居的孤独,然后似乎又恢复了从前的依赖,但不同的是:他对关爱的需要变得非常迫切,为了不再孤独,他愿意付出任何代价。与此同时,因为他仍然有离群索居的需要,并不断干扰着他依附别人的欲望,所以他获得关爱的机会渺茫。他被这场斗争弄得筋疲力尽,变得绝望,并发展出施虐倾向。但是,他对别人的需求又是如此迫切,以至于他不仅压抑自己的施虐倾向,而且还矫枉过正地掩盖它们。

在这种情况下,与他人相处是一种负担,尽管他自己可能没意识到。他往往显得非常拘谨和害羞。他必须扮演一个与自己的施虐冲动相反的角色。很自然地,他认为自己真的喜欢别人。在分析过程中,当他意识到自己对别人其实没什么感情,或者至少不确定自己的感情是什么时,他会感到非常震惊。这个时候,他很容易把这种明显的情感缺失当作不可更改的事实。但实际上,他只是处在一个过程中:放弃了假装的积极情绪,无意识地宁愿什么都不去感觉,也不愿面对自己的施虐冲动。只有当他认识到这些冲动,并且开始克服它们时,对他人的积极感觉才会开始发展。

然而,对训练有素的观察者来说,这幅图像中有某些因素表明了施虐倾向的存在。首先,他总是以某种隐蔽的方式去恐吓、利用和挫败别人。通常,他对别人有一种明显但无意识的蔑视,他将此肤浅地归结于对方的道德标准低下。其次,他身上存在许多相互矛盾的地方,也表明了他的施虐倾向。例如,他有时会以极大的耐心忍受别人对他的虐待,但有时却对最轻微的支配、利用或羞辱表现出高度敏感。最后,他给人一种"受虐狂"(masochistic)的印象,也就是说,他沉溺于受害者的感觉。但是,由于"受虐狂"这个词及其深层含义具有误导性,我们最好避开这个词来描述其中的要素。反向的施虐者无时无刻不压抑自己的主张,因此,他在任何情况下都容易受到虐待。但除此之外,他对自己的软弱感到愤怒,实际上,他常常被公开的施虐者吸引,对他们又爱又恨;就像后者感觉他是一个自愿的受害者,也会被他吸引一样。因此,他把自己置于了被人利用、挫败和羞辱的境地。然而,他非但没有享受这种虐待,反而感到痛苦不堪。他只是获得了一个机会——通过别人来实现自己的施虐冲动,而不必面对自己的施虐倾向。如此一来,他就可以觉得自己是无辜的,并在道德上感到愤怒,同时希望有一天可以超越那个施虐者,并且彻底战胜他。

弗洛伊德也观察到了我所描述的这种情况,但他那毫无根据的概括大大降低了这些发现的价值。为了将其纳入他的整体哲学框架,他利用这些发现来证明,无论一个人表面上多么善良,他在本质上都是破坏性的。而实际上,这种情况只是某种神经症造成的结果。

最初,我们认为施虐者是性变态——或者用详尽的词语说,是一个卑鄙和邪恶的人;而现在,我们对施虐者的认识已经有了很大的进步。纯粹的性变态是比较罕见的。即使出现这种情况,它也不过是对他人的普遍态度的一种表达。施虐者的破坏倾向当然无可否认;但是,当我们理解了这种倾向,我们就会看到在表面非人道行为的背后,有一个受苦受难的人。正是通过这一点,我们才有可能去治疗这个人。我们发现他是一个绝望的人,正设法从挫败自己的生活中寻求补偿。

结论 神经症冲突的解决

追求一心一意：没有伪装，情感真挚，能够全身心地投入到感情、工作和信仰中去。

解决冲突的根本途径

越是认识到神经症冲突对人格造成的无尽伤害，就越应该尽早地解决这些冲突。但正如我们所了解到的，无论是靠理性决策，靠逃避，还是靠个人意志，都不能彻底解决问题。那么，到底应该怎么办呢？唯一的办法是：改变人格中产生冲突的那些条件。这样才能真正解决神经症冲突。

这是一条根本的途径，也是一条激进的途径。考虑到改变内心的任何东西都异常困难，我们就不难理解人们为何经常想方设法寻找捷径。也许，这就是为什么患者以及其他人常常会问：是不是看到了自己的基本冲突就足够了？答案显而易见：不够。

即使分析师看到了患者的分裂，并且帮助他认清这种分裂，这种领悟还是不会立竿见影。它可以让患者在一定程度上缓解，因为他开始看到自己苦恼的实际原因，而不再迷失在神秘的雾霭中。但是，患者还无法将此领悟应用于自己的生活。虽然他知道内心的各个部分如何运作、如何相互干扰,但他的分裂状态却丝毫未变。他听到这些事实,就像听到事不关己的消息;这则消息似乎是可信的,但他不明白这与自己有什么关系。

由于他在无意识中保留了许多想法,这种领悟在他身上注定会失效。他在无意识中坚持认为:分析师夸大了他内心的冲突;如果不是因为外界环境,他会什么事情都没有;爱情或事业的成功,可以让他摆脱烦恼;他可以远离人群,从而远离冲突;尽管大多数人不能一心二用,但他凭借超群的智慧和意志可以做到这一点。或者,他在无意识中觉得:分析师是一个江湖郎中或是一个善良的傻瓜,故意装出一种专业上的乐观,其实分析师应该知道他已经无药可救——这就意味着,患者将用他的绝望来回应分析师的建议。

这些保留想法表明了一个事实:患者要么坚持自己特定的处理冲突的尝试,因为对他来说,这些尝试比冲突本身更加真实;要么对恢复正常状态不抱任何希望。因此,分析师必须先分析患者所有的尝试及其后果,然后才能顺理成章地处理他的基本冲突。

寻找捷径还引出了另一个问题,弗洛伊德对起源的强调更加突出了这个问题,即认识到这些相互冲突的冲动后,把它们与其源头以及童年早期的表现联系起来,是不是就足够了? 答案仍然是:不够。原因基本同上。即使是对他早期经历最详细的回忆,充其量只能让患者对自己采取一种更仁慈、更宽容的态度,而这丝毫没有减少他当前冲突的破坏性。

全面了解早期环境的影响及其对儿童人格的改变,虽然没有直接的治疗价值,但它确实有助于我们研究神经症冲突发展的条件。^① 毕竟，最初是患者与自己、与别人关系的变化引起了冲突。

我在以前的著作^②中，以及本书的前面章节都描述过这一发展过程。简单地说，一个孩子可能发现自己身处一种危险的环境中，这种环境威胁到了他的内心自由，他的自发性、安全感和自信心——总之，威胁到了他精神存在的核心。他感到孤立、无助，因此，他在第一次尝试与别人交往时，并不是出于自己的真实感受，而是由内心的战略需要决定的。他无法简单地表示喜欢或不喜欢、信任或不信任，也无法如实表达自己的愿望或反对别人的主张，而是不自觉地设计与人相处的方法，把对方对自己的伤害降到最低。这种相处方式的基本特征可以概括为：与自我和他人的疏离，一种无助感，一种普遍的忧虑，以及在人际关系中充满了敌对紧张——从普遍的警惕到明确的仇恨。

只要这些条件继续存在，神经症患者就不可能摆脱相互冲突的冲动。相反，在神经症的发展过程中，导致冲突的内在需要会变得更加迫切。事实上，虚假的解决方案让他与自己、与别人的关系更加紊乱，以至于真正的解决变得越来越难以企及。

因此，治疗的目标只能是改变这些条件本身。我们必须帮助神经症患者找回自己，让他意识到自己的真实感受和需求，发展出自己的一套价值观，并在此基础上与他人建立关系。如果我们拥有魔法，甚至不用碰到冲突，就可以将它们一扫而空。但是，因为我们没有魔法，所以必须知道需要采取哪些步骤，才能

---

① 正如人们普遍认为的，这种了解也有很大的预防意义。如果我们知道哪些环境因素有助于儿童的发展，哪些环境因素又会阻碍他们的发展，这就找到了一种预防未来神经症大量增长的方法。

② 参见卡伦·霍尼，《精神分析新法》第八章，《自我分析》第二章。

实现令人向往的改变。

　　既然每一种神经症都是一种性格紊乱,无论其症状多戏剧化,看上去多么非个人化,那么治疗的任务就是分析整个神经症的性格结构。因此,我们越清楚地界定这一结构及其个别变化,就越能精确地描述我们要做的工作。如果我们把神经症设想成一个围绕基本冲突建立起来的防御系统,那么分析工作大致可以分为两个部分。

　　第一部分是详细研究患者解决冲突的所有无意识的尝试,以及这些尝试对他整个人格的影响。这包括研究他的主导态度、理想化形象和外化等防御措施的含义,而暂不考虑它们与潜在冲突的具体关系。若是认为在讨论冲突之前不能理解和处理这些因素,那我们就错了;尽管这些尝试因为患者协调冲突的需要而产生,但它们却有着自身的规律、意义和影响力。

　　第二部分则是对冲突本身进行处理。这意味着,不仅要让患者看到冲突的总体轮廓,还要看到冲突具体是如何运作的,也就是说,要让患者知道那些互不相容的驱力以及由此产生的态度,在特定情况下是如何相互干扰的。例如,一个人有顺从倾向,这种顺从又被倒错的施虐倾向所强化,他就应该看到:这种顺从如何阻碍了他赢得比赛或在工作中脱颖而出,与此同时,他想战胜别人的欲望又如何使胜利成为必需品。又比如,他应该明白,由于诸多原因,他发展出禁欲主义,而这种禁欲是如何与他对同情、爱和自我放纵的需要相矛盾。我们还必须向他展示,他是如何在两个极端之间穿梭的:例如,他如何在对自己过分严厉和过分宽容之间切换;或者,他把对自己的要求外化,继而被他的施虐倾向所强化,这种外化的要求如何与他知道一切和包容一切的需要相冲突,而结果他又如何在谴责他人和宽恕他人的行为之间摇摆不定;或者,他如何在自以为拥有所有权利和感觉毫无权利之间来回切换。

此外,这部分的分析工作还包括向患者解释,他想要达成的融合与妥协是不可能的。例如,他试图将自私和慷慨、征服和喜爱、支配和牺牲结合在一起。它还包括帮助患者准确地理解,他的理想化形象和外化等防御措施如何掩盖了他的冲突,并减轻了冲突的破坏性力量。总而言之,这部分的分析就是让患者彻底了解他的冲突,了解它们对其人格的普遍影响,以及对其症状的具体责任。

总的来说,患者在分析的每个阶段会表现出不同的阻抗。在分析患者为解决冲突所做的尝试时,他会一心捍卫自己的态度和倾向中固有的主观价值,并因此反对任何对其真实本性的洞察;而在分析他的冲突时,他最感兴趣的就是证明自己的冲突根本不算冲突,并因此遮掩那些冲动实际上互不相容的事实。

循序渐进地解决问题

至于应该按什么顺序来解决问题,我认为弗洛伊德的建议现在是并且可能永远是最有价值的。他把医学治疗中的原则应用于精神分析,强调不管使用什么方法处理患者的问题,都必须考虑两个因素:其一,解释应该是有益的;其二,解释不应该有害。换句话说,分析师必须考虑的两个问题是:第一,患者在这个时候是否能承受得住某种领悟?第二,分析师的解释对患者是否有意义,并让他以建设性的方式进行思考?

现在,我们仍然缺乏明确的标准来判断患者究竟能够承受什么,以及做什么有助于激发患者产生建设性的领悟。不同患者的性格结构差异太大,以至于无法确定做出解释的最佳时机,但是我们可以遵循一条指导原则,即只有患者的态度发生了特定变化后,我们才可以有效且不冒风险地解决某些问题。在这个基础上,我们可以提出一些始终适用的衡量标准。

可以说,只要患者还执意追求对他来说意味着救赎的幻影,让他去面对任何冲突都是无效的。他必须首先看到,这些执着的追求是徒劳的,并且干扰了他的生活。简而言之,在分析冲突本身之前,分析师应该分析患者为解决冲突所做的尝试。我并不是说绝对不要提及冲突。分析的方法需要有多谨慎,取决于整个神经症结构的脆弱程度。如果过早地指出他们的冲突,有些患者可能会陷入恐慌。而对另一些患者来说,过早指出冲突可能毫无意义,因为他们不会对此留下任何印象。但从逻辑上讲,只要患者坚持自己的解决方案,并且无意识地指望靠它们"蒙混过关",我们就不能指望患者对他的冲突产生多大兴趣。

另外一个需要谨慎对待的是理想化形象。如果我们在这里讨论,在什么条件下可以在早期阶段处理这个问题的某些方面,那未免有点离题太远。然而,谨慎一点总是没错的,因为理想化形象常常是患者唯一觉得真实的部分。更重要的是,它可能是唯一能给予患者自尊并使他不至于自暴自弃的因素。患者必须获得一定程度的现实力量,才能容忍自己的理想化形象受到些许破坏。

在分析的早期阶段,处理施虐倾向肯定是没有益处的。部分原因在于,这些倾向与患者的理想化形象形成了极大的反差。即使在分析的后期阶段,对施虐倾向的意识也常常使患者充满恐惧和厌恶。但是,我们有一个更充足的理由来推迟对施虐倾向的分析,最好推迟到患者变得不那么绝望并且更加善于应变之后;这是因为,如果患者仍然无意识地相信替代性的生活是唯一选择,那么他根本不可能对克服施虐倾向感兴趣。

在对不同患者特定的性格结构做出解释时,我们也可以使用同样的时机原则。例如,对于一个攻击倾向占主导的患者——他认为情感是一种弱点,并赞扬一切强有力的东西,分析师就必须首先分析这种态度及其全部内涵。如果优先考虑他对亲密关系的需要,那就是错误的,不管这种需要在分析师看来多么明显。患者会憎恨这种威胁到自己安全的举动,他觉得必须提防分析师想把他变成一个"老好人"。只有当他变得更强大时,他才能容忍自己顺从和谦卑的倾向。对于这样一位患者,分析师必须在一段时间内避开绝望这个问题,因为他可能会拒绝承认有这方面的感觉。对他来说,绝望意味着令人厌恶的自怨自艾,意味着羞耻地承认失败。相反,如果是一个顺从倾向占主导的患者,那么分析师在处理任何支配或报复倾向之前,必须彻底解决所有与"亲近人"有关的因素。再比如,如果患者认为自己是一个了不起的天才或伟大的情人,那么分析他对被轻视和拒绝的恐惧完全是浪费时间,分析他的自卑倾向更是徒劳无功。

在分析的早期阶段,有时可以处理的问题是十分有限的。尤其是当高度的外化和固执的自我理想化相结合时,这使得患者不能容忍任何缺陷,问题也会变得更棘手。如果某些迹象向分析师揭示了这种情况,他最好避免去解释或者哪怕是暗示,问题的根源在患者自己身上,这样他将会节省大量的时间。不过,在这个阶段,分析师可以触及患者理想化形象的某些方面,例如患者对自己的过分要求。

熟悉神经症性格结构的动力学,也会有助于分析师更快、更准确地掌握患者在与人交往中想要表达什么,从而知道在此刻应该处理什么。他能够从看似无关紧要的迹象中发现和预测患者人格的一个方面，从而将注意力放到需要观察的因素上。他的处境就像一位内科医生，发现患者夜间咳嗽、盗汗，午后出现疲倦后，便会考虑患肺结核的可能性，并据此进行检查。

例如，如果一个患者总是喜欢道歉，容易崇拜分析师，并在交往中表现出谦逊的倾向，分析师就会想象到所有与"亲近人"有关的因素。他将检查顺从是否就是患者的主导性态度；如果发现了进一步的证据，他将尝试从每个可能的角度进行处理。同样，如果一个患者反复谈论他觉得羞辱的经历，并担心分析也会对他造成类似的影响，分析师就知道他必须处理患者对羞辱的恐惧。他会选择当时最容易处理的恐惧来源进行解释。比如，他可以将这种恐惧与患者肯定其理想化形象的需要联系起来，前提是这个理想化形象的某些部分已经被患者意识到了。再例如，如果患者在分析过程中表现出懒惰，并且感慨注定要失败，那么在当前情境下，分析师就必须尽可能地帮助他消除绝望。如果这种情况在分析一开始就出现了，分析师或许只能指出其中的含义，即患者已经放弃自己了。然后，他会尝试向患者传达，他的绝望并非来自真实的绝望处境，而是一个可以得到理解和最终解决的难题。如果这种绝望出现在分析的后期阶段，分析师可以将它更具体地与某些情境联系起来，比如患者找不到解决冲突的方法，或者无法达到自己的理想化形象。

以上建议仍然为分析师留下充分的余地，让他可以凭直觉对患者的情况保持敏感。直觉是很有价值甚至不可或缺的工具，分析师应该最大限度地发挥它。但是，直觉的运用并不意味着整个分析仅仅是一门"艺术"，或者只要凭借常识就可以去做分析。分析师需要了解神经症性格的结构，这样做出的推论才会更科学，并使他能够准确和负责任地开展分析。

尽管如此，由于神经症性格结构包含了巨大的个体差异，分析师有时只能通过"试误"往前推进。这里所说的错误，并不是指一些严重的错误，比如把不存在的动机强加于患者身上，或者没有抓住患者根本的神经症驱力。这里所指的是一些常见的错误，如分析师做出患者还没准备好接受的解释。虽然严重的错误可以避免，但像过早做出解释这种错误是在所难免的。不过，如果我们能够警惕患者对解释的反应，并因此得到启示，便可以迅速地认识到这种错误。在我看来，人们似乎过多强调了患者的"阻抗"，强调他是接受解释还是拒绝解释，而忽略了他的反应究竟意味着什么。这是很不幸的，因为这样的反应正是在告诉分析师，在患者准备好面对自己的问题之前，他应该先去解决什么。

下面的例子可以说明这一情况。一位患者意识到，在他的人际关系中，无论对方提出什么要求，他都会感到极其愤怒。即使是最合理的要求也被他视为胁迫，即使是最恰当的批评也被他视为侮辱。同时，他却觉得自己可以要求他人专一的奉献，可以直言不讳地批评他人。换句话说，他意识到，他把所有的特权留给自己，而不给对方任何权利。他逐渐明白，这种态度注定会破坏甚至摧毁他的友谊和婚姻。到目前为止，他在分析工作中一直积极主动，并且富有成效。但是，一旦他意识到自己态度的后果时，便在分析过程中变得沉默起来，出现轻微的抑郁和焦虑。他为数不多的人际交往也表明他有强烈的退缩倾向，这与之前他渴望与女性建立关系形成了明显的对比。这种退缩的倾向表明，未来的亲密关系对他来说是多么难以忍受：虽然他在理论上接受权利平等的观念，但在实践中却是拒绝接受的。他的抑郁是发现自己身处无法解决的困境时的反应,而他的退缩倾向意味着他在摸索解决之道。

当他意识到退缩是徒劳的,意识到除了改变自己的态度之外别无他法时,他便开始思考:为什么亲密关系对他来说如此不可接受呢?随后的人际交往表明:在情感上,他认为要么拥有全部权利,要么没有任何权利。他所担心的是,如果他放弃了所有权利,他将永远无法做自己想做的事,而只能遵从他人的意愿。这反过来打开了他的顺从和自谦倾向的大门,这些倾向虽然之前有所触及,但它们的全部深度和意义从来没有被理解。由于种种原因,他的顺从性和依赖性如此严重,以至于他不得不把所有权利据为己有,建立起一道人为的防线。在他的顺从倾向还是一种迫切的内在需要时,让他放弃这道防线,便意味着把他整个人都毁掉。因此,在他考虑改变自己武断的态度之前,分析师必须先解决他的顺从倾向。

本书所讲的每一点都清楚地表明,我们永远不可能使用单一的方法来穷尽一个问题;我们必须从不同的角度来反复探讨这个问题。这是因为任何单一的态度都有许多不同的来源,并在神经症的发展过程中承担了新的功能。比如,息事宁人和忍气吞声的态度本来就是患者对爱的神经症需求不可或缺的一部分,在处理这一需求的时候,我们必须分析这两种态度;当我们讨论患者的理想化形象时,也必须重新审视这两种态度。从这个角度看,患者可能认为息事宁人是圣人观念的一种表现。当讨论患者的孤僻倾向时,我们将会明白,这种态度中还包含了避免摩擦的需要。当我们看到患者对他人的恐惧,以及他对自身施虐冲动矫枉过正时,这种强迫性的忍让态度就更清晰了。再比如,患者对胁迫表现出的敏感,可能首先被看作源于孤僻的防御性态度,然后又被视为他自己权力渴望的投射,最后可能被看作一种外化表现,是其内在胁迫或其他倾向的结果。

冲突的彻底解决

在分析过程中,任何明确化的神经症态度或冲突,都必须放到整个人格结构中去理解。这就是所谓的"彻底解决"。它包括以下几个步骤:让患者认识到他的特定倾向或冲突的所有公开和隐藏的表现;帮助他认识到其强迫性的本质;使他认识到其主观价值和不良后果。

当患者发现一种神经症的特征时,往往不是去探究它,而是立即提出这样的问题:"它是怎么产生的?"不管他是否有所意识,他都是希望通过追根溯源来解决这个问题。分析师必须阻止他"逃回"过去,并鼓励他先探究这种症状的内容;换句话说,鼓励患者熟悉这一症状本身。

患者必须了解这种症状的具体表现,他用以掩盖它的手段,以及他自己对它的态度。例如,如果患者对顺从的恐惧已然非常明显,他必须看清自己对各种形式的自我贬低有多憎恨、害怕和鄙视。他必须认识到,他在无意识中对自己采取的种种压制,目的是把所有顺从的可能性以及与之相关的一切从自己的生活中消除。然后他会明白,那些表面上不同的态度如何服务于这一目标;他如何麻木自己的情感,以至于对他人的感受、欲望或反应一无所知;这又如何使他变得非常不体谅别人;他如何压抑了自己对他人的喜爱,以及自己想要被人喜爱的欲望;他如何贬低别人的温柔和善良;他如何习惯性地拒绝别人的请求;在人际关系中,他觉得自己有权变得喜怒无常、吹毛求疵和苛刻,但他拒绝给予对方任何这些特权。或者,如果患者的全能感成为分析的焦点,那么仅仅让他意识到自己有这种感觉是不够的。他还必须看到,他如何整天都在为自己设定不可能完成的任务。例如,他认为自己能够以最快的速度为一个复杂的主题写一篇精彩的论文;尽管他已经疲惫不堪,但他还期望自己才华横溢;在分析过程中,他期望自己在瞥见问题的瞬间就能解决问题。

接下来,患者必须意识到,他是被迫使按照特定的倾向行事的,他无法顾及自己的愿望和最佳利益,甚至经常与其背道而驰。他必须认识到,这种强迫性是不加选择的,通常不会考虑现实的情况。举例来说,他必须看到,无论对待朋友还是敌人,他都是一样吹毛求疵;不管对方的行为如何,他都会训斥责骂:如果别人和蔼可亲,他就怀疑对方心怀内疚;如果别人坚持己见,他就认为对方专横霸道;如果别人向他屈服,他就认为对方是个懦夫;如果别人喜欢和他在一起,他就认为对方过于轻浮;如果别人拒绝了他,他就认为对方小肚鸡肠;等等。或者,如果讨论的是患者不确定他是否被需要或受欢迎,那么他必须意识到,即使所有的证据都表明他被人需要、受人欢迎,他这种不确定的态度仍然存在。理解一种倾向的强迫性,还需要认识到患者对其受挫后的反应。例如,如果这种倾向涉及患者对情感的需求,那么他就必须看到,任何拒绝或友谊减弱的迹象都会让他感到失落和害怕,无论这个迹象是多么微不足道,或者那个人对他来说是多么无关紧要。

在以上步骤中,第一步是向患者表明他自身问题的严重程度,第二步则是使他意识到问题背后各种力量的强烈程度。这两个步骤都会引起患者进一步自我审查的兴趣。

当探讨某一特定倾向的主观价值时,患者往往会急于提供信息。他可能会表明，他对权威或类似胁迫的事物的反抗和蔑视，都是必要且性命攸关的，否则他就会被专横的父母吞噬；他可能会指出，优越感一直帮助他在缺乏自尊的情况下继续前进；回避倾向或"不在乎"的态度则保护了他免受伤害。诚然，这种人际关系出于患者的防御心理，但也很有启发性。这种人际关系告诉我们患者为什么一开始具有某种态度，并因此揭示了这种态度的历史价值，从而让我们更好地理解病情的发展。但除此之外，它还能引导我们去理解这一倾向的当前作用。从治疗的角度来看，这些功能才是最为紧要的。没有哪种神经症倾向或冲突仅仅是过去的遗产；就像某种习惯，一旦形成就会持续下去。我们可以确定，这些倾向都是由当前性格结构中迫切的需要所决定的。知道某种神经症特征最初是怎么发展起来的，只具有次要的价值，因为我们必须改变的是当前正在发挥作用的力量。

在大多数情况下，神经症状态的主观价值在于它能制衡一些其他神经症倾向。因此，对这些价值的透彻理解将提示我们如何处理某个特定的案例。例如，如果我们认识到患者不能放弃他的全能感——这种感觉允许他把自己的潜能当作现实，把他的宏伟计划当作实际成就——我们就知道，必须要探讨他在多大程度上生活在想象中。如果他让我们看到，他这样生活是为了让自己立于不败之地，我们便要注意那些让他整日担心失败的因素。

治疗中最重要的步骤是，让患者看到神经症状态的负面后果：他的神经症冲动和冲突造成的破坏性影响，使其丧失了某些能力。前面的步骤中已经涉及了其中的一些工作，但关键在于，要使患者清楚这幅画面的所有细节，只有这样，患者才会真正感到需要改变。考虑到每个神经症患者的病症都是迫不得已的，这就需要一种强烈的激励来克服阻碍力量。然而，这种激励只能来自患者对内心自由、幸福和成长的渴望，以及他认识到每种神经症的症状都会阻碍愿望的实现。因此，如果他经常做出贬低性的自我批评，他就必须看到，这种态度如何扼杀了他的自尊，并让他失去希望；如何使他觉得自己不受欢迎，迫使他忍受虐待，反过来又导致他心生怨恨；如何使他丧失了工作的动机和能力；为了避免陷入自卑的深渊，他又是如何被迫采取防御性的态度，比如自我膨胀、自我疏离，以及对自己抱有不切实际的幻想，从而使他的神经症长期存在下去。

同样，在分析过程中，当某个特定冲突变得明显时，患者必须认识到这种冲突对他生活的影响。例如，当患者的自谦和好胜这两种倾向发生冲突时，必须明白这是反向施虐所固有的强烈压抑的结果。患者必须看到，他在每次自谦之后都会自我鄙视，并对自己奉承的人感到愤怒；另一方面，他每次试图战胜别人时都会对自己感到恐惧，并担心遭到别人的报复。

有时会发生这样的情况：患者即使意识到了所有的不良后果，还是没有兴趣克服这种神经症状态。相反，这个问题似乎退出了他的视线。他几乎不知不觉地将其抛诸脑后，而病情没有任何好转。鉴于患者已经看到神经症对自己造成的伤害，这种无动于衷的反应便很值得注意。然而，除非分析师能敏锐地觉察到这种反应，否则患者这样没有兴趣的情况很容易被忽略。患者可能会岔开话题，然后分析师跟着他的思路，直到再次陷入类似的僵局。过了很久之后，分析师才会意识到，虽然自己做了大量工作，但患者身上的变化却微乎其微。

如果分析师知道患者有时会出现这种反应，他就要问自己：

患者内心的什么因素在阻止他做出改变,让他无视自己特定的态度及其造成的一系列不良后果。这样的因素通常有很多,只能一点点地解决。患者可能仍然因绝望而麻痹,看不到改变的可能性;患者想战胜、挫败分析师,并让分析师出丑的愿望,可能远远超过了他对自己的兴趣;他的外化倾向可能仍然很明显,以至于尽管他认识到了不良后果,但还是无法将这种领悟应用于自身;他对全能感的需要可能仍然很强烈,以至于即使他知道后果不可避免,但还是心存侥幸,认为自己能够逃脱;他的理想化形象可能仍然很顽固,以至于他无法接受自己有任何神经症的态度或冲突。于是,他只会对自己发怒,觉得自己应该能够对付这个难题,因为他已经认识到它了。

认识到上述的可能性非常重要,因为如果这些阻止患者改变的因素被忽略,分析师就很容易堕落为休斯敦·彼得森(Houston Peterson)所谓的"心理学狂"(mania psychologica),即为心理分析而分析。在这些情况下,让患者接纳自己会带来明显的益处。即使冲突本身没有任何变化,但患者会有一种深刻的解脱感,并开始表现出希望挣脱束缚的迹象。这种有利的条件一旦确立,改变很快就会出现。

当然,以上陈述并不是一篇关于分析技术的论文。我没有试图涵盖这一过程中所有导致问题恶化的因素,也没有试图包括所有的治愈因素。例如,我没有讨论过,当患者把他所有的防御性和攻击性都带入治疗关系,会产生什么利弊;尽管这是一个非常重要的因素。我所描述的步骤,只包括每次新的倾向或冲突凸显时必须经历的基本过程。不过,通常不可能按照所说的顺序进行分析,因为即使某个问题已经十分突出,但患者仍可能对它一无所知。正如我们在上述患者霸占权利的例子中所看到的,一个问题可能只是揭示了另一个必须首先分析的问题。只要每个步骤最终都做到了,顺序就相对次要了。

在分析中,特定症状的变化会因所处理问题的不同而不同。当患者意识到他无意识中的愤怒及其原因时,他的恐慌可能会消退。当他看清自己所陷入的困境时,他的抑郁可能会缓解。但只要每一步分析都做得很好,患者对自己、对别人的态度自然会发生某种普遍的变化,无论特定的问题是否得到解决。假如我们要处理的是一些不同的问题,比如对性过分强调、对现实一厢情愿、对胁迫高度敏感,我们会发现,对它们的分析以同样的方式影响着人格。不管我们分析的是哪一种困难,患者的敌意、无助、恐惧,以及他与自己、与别人的疏离都会有所减少。让我们来看一看,在以下几个例子中,患者与自我的疏离是如何减少的。

一个过分强调性活动的人,只有在性经历和性幻想中,他才觉得自己活着;他的成功和失败都局限于性方面;他觉得自己唯一的资产就是他的性吸引力。只有当他了解了这种情况,他才能开始对生活的其他方面产生兴趣,从而重新找回自我。

一个用想象来界定现实的人,他已然忘记自己是个凡夫俗子。他既看不到自己的局限性,也看不到自己的实际能力。通过心理分析,他不再把自己的潜能当作实际的成就;他不仅能够面对自己,而且能够感受真实的自己。

一个对胁迫极度敏感的人,已经淡忘了自己的愿望和信念,只觉得那是别人在控制和支配他。当这种情况被分析之后,他开始知道自己真正想要的是什么,从而能够朝着自己的目标努力。

在每一次分析中,被压抑的敌意,不管其种类和来源是什么,最终都会浮现出来,使患者暂时变得更加暴躁。但是,每放弃一种神经症的态度,这种非理性的敌意就会减少。当患者看到那些问题中也有自己的原因并不再将其外化时,当他变得不那么脆弱、恐惧、依赖或苛刻时,他的敌意就会大大减退。

敌意的减退主要是因为无助感的减少。一个人越是强大,就越少感受到他人的威胁。这种力量的增强有许多不同的原因。以前,他的生活以别人为中心,现在开始回归自我了;他变得更积极主动,并开始建立自己的一套价值观。他会逐渐拥有更多可利用的能量,以前用于压抑自己的那部分能量被释放出来;他变得不再那么拘束,不再被恐惧、自卑和绝望所麻痹。他可以在理性的基础上做出让步,而不是盲目地顺从、对抗或发泄施虐冲动,因此,他变得更加强大。

最后,尽管患者因防御系统被打破,而暂时地引起了焦虑,但每一个有益的步骤都必然会降低焦虑,因为患者已经变得不那么害怕自己和其他人了。

这些变化的总体结果就是患者与自己、与他人的关系得到了改善。他不再像以前那么孤立;随着他更加强大、更少敌意,其他人也不再是需要对抗、操纵或回避的威胁。他可以与别人建立友好的情感。他与自己的关系,也随着外化的丢弃、自卑的消失,而得到改善。

如果观察患者在分析中发生的变化,我们就会发现,引起最初冲突的条件也在发生变化。在神经症的发展过程中,所有的压力变得日益严重,而在治疗过程中,患者则越来越轻松。患者过去在面对这个世界,面对无助、恐惧、敌意和孤独时所产生的态度,变得越来越没有必要,可以逐渐被抛弃。说实在的,如果一个人有能力与他人平等相处,他为什么要为了自己讨厌的人、践踏自己的人而抹杀或牺牲自己呢？如果一个人的内心感到安全，可以与他人和谐共处并相互竞争，而不用时刻担心被比下去，他为什么还要对权力和认可贪得无厌呢？如果一个人有能力去爱并且不害怕争吵，他为什么还要焦虑地避免与他人交往呢？

治疗的终极目标

完成分析工作是需要时间的。一个人越是纠结，遇到的障碍就越多，需要的时间也就越长。人们期望简短的分析治疗，这是可以理解的。我们也希望看到更多的人能从分析中受益，毕竟有一点帮助总比没有帮助好。确实，神经症的严重程度有很大差异，轻度神经症可以在短期内得到治愈。某些短程治疗看起来很有前途，但不幸的是，其中多数是基于一厢情愿的想法，相当无视神经症中那些起作用的强大力量。至于严重的神经症，我相信，只有更好地理解神经症的结构，不浪费时间去寻求追根究底的解释，才能缩短分析的过程。

所幸的是，分析并不是解决内心冲突的唯一方法。有时，生活本身也是一位有效的治疗师。在许多人生经历中，任何一种都可能足以引起人格改变。它可能是一位伟人，有着鼓舞人心的榜样作用；可能是一出寻常的悲剧，使神经症患者靠近他人，从而摆脱以自我为中心的孤立；也可能是与志同道合者的相遇，使患者感到没有必要操控或回避他人。还有一种情况是，神经症行为带来的后果非常剧烈或频繁出现，以至于给患者留下深刻的印象，使他不再那么恐惧或僵化。

然而，生活本身的疗效并不是我们所能控制的。我们无法安排困境、友谊或宗教的体验来满足特定个体的需要。生活作为一位治疗师，是冷酷无情的，它可能会帮助到某一个患者，但同时又会摧毁另一个患者。而且，正如我们所看到的，神经症患者很难认识到自己行为的后果并从中吸取教训。可以这样说，如果患者获得了吸取教训的能力，也就是说，如果他能发现自己在困境中所扮演的角色，并能知其所以然，进而将这种领悟应用到自己的生活中，那么分析就可以令人安心地结束了。

　　既然认识到冲突在神经症中所起的作用，又认识到冲突是可以被解决的，就有必要重新定义治疗的目标。尽管许多神经症疾病属于医学范畴，但用医学术语来定义这些目标并不靠谱。因为即使是心身疾病，它在本质上也是人格冲突的表现，所以治疗的目标必须从人格角度来界定。

　　这样一来，我们的终极目标就包含了许多具体目标。首先，患者必须能够为自己承担责任，这意味着他感觉自己在生活中是一股积极、可靠的力量，能够做出决定并愿意承担后果。然后，在此基础上，他愿意承担自己对别人的责任，愿意承担他认为有价值的义务，无论这些义务涉及自己的子女、父母、朋友，还是员工、同事、社区或国家。

　　与此密切相关的另一个目标是获得内心的独立——既不一味反对别人的观点和信念，也不全盘地接受它们。这意味着让患者建立自己的价值体系，并将其应用到实际生活中。就人际关系而言，这意味着他将尊重别人的个性和权利，并以此为基础建立真正的关系。这与真正的民主理念是相吻合的。

　　我们还可以用情感的自发性来定义这个目标，也就是情感的觉醒和活力，无论是爱还是恨、快乐还是悲伤、恐惧还是欲望。它将包括有能力表达情感，也有能力控制情感。因为爱和友情如此重要,所以在这里必须特别指出:爱既不是寄生式的依赖,也不是虐待式的支配,而是如哲学家麦慕理[①]所说:"一段关系……本身就是一种目的;我们在关系中交往,因为这就是人类的天性:我们分享经验,我们相互理解,我们在共同的生活中寻找快乐和满足,在彼此面前敞开心扉和袒露心声。"

对治疗目标最全面的表述应该是追求一心一意:没有伪装,情感真挚,能够全身心地投入到感情、工作和信仰中去。只有解决了内心冲突,才可能接近这一目标。

这些目标并不是随意设定的,它们能成为有效的目标,也不仅仅是因为它们与古今圣贤所遵循的理想相一致。这种巧合绝非偶然,因为它们正是心灵健康所依赖的要素。我们有理由提出这些目标,因为它们在逻辑上符合我们对神经症的致病因素的了解。

我们敢提出这么高的目标,是因为我们相信人格是可以改变的。不仅仅是年幼的孩子具有可塑性;只要我们活着,所有人都能做出改变,甚至是根本性的改变。这一信念得到了经验的支持。心理分析是带来根本改变的最有力的手段之一,我们对神经症中起作用的力量越了解,就越有可能实现想要的改变。

不过,无论是分析师,还是患者,都不可能完全实现这些目标。它们是我们要为之奋斗的理想,其价值在于为我们的治疗和生活指明方向。如果我们不清楚这些理想的意义,就会用一个新的理想化形象来取代旧的,这等于换汤不换药。我们还必须意识到,分析师并不能把患者变成一个完美的人。他只能帮助患者获得自由,朝着理想的方向前进。这也意味着给予患者一个发展和成熟的机会。

---

① 麦慕理,《理性与情感》,版本同前。

附录 卡伦·霍尼生平与主要著作

卡伦·霍尼既是一位享有盛誉的精神分析理论家，也是一位优秀的精神分析师导师和一位天才的临床实践家，她给后人留下了丰富的思想遗产。

1885 年　出生在德国汉堡附近的一个小村庄。父亲比母亲
　　　　　大 17 岁,且两人感情不和。卡伦有一个大她四岁
　　　　　的哥哥,她觉得哥哥受到父母的偏爱。

1898 年　13 岁,因生病对医生产生深刻印象,立志要当一
　　　　　名医生。

1901 年　经过与父母斗争,进入中学学习。

1903 年　18 岁,遇到了初恋肖尔奇,并将他理想化,赋予他
　　　　　种种自己梦想中的英雄品质。他是"我的爱人,我
　　　　　的勇士,我的快乐"。

1904 年　遇到了罗尔夫。她对罗尔夫的情感在"漠然、友谊
　　　　　和爱情"三者之间摇摆,比友谊更进一步,但不是
　　　　　浪漫的爱情。

1905 年　遇到了恩斯特。比起其他男子,恩斯特对卡伦的
　　　　　"意义大得多,无限得多",因为他是"唯一一个我
　　　　　能为之痛苦的男子"。

1906 年　遇见洛什和奥斯卡·霍尼。从一开始,卡伦和洛

什和奥斯卡之间就是三角关系。卡伦迷上奥斯卡的思想，同时却迷恋洛什的肉体。

1906 年　在母亲的鼓励下，进入大学学习。先后在弗莱堡大学、哥廷根大学和柏林大学学习医学。

1909 年　与奥斯卡·霍尼结婚，婚后育有三个女儿。

1910 年　开始师从弗洛伊德的得意门生亚伯拉罕（Karl Abraham）和萨克斯（Hanns Sachs）接受正统的精神分析训练，并加入柏林精神分析协会。

1915 年　获医学博士学位，并继续接受精神病学和精神分析训练，担任柏林精神分析协会秘书。

1917 年　发表了第一篇精神分析论文《精神分析治疗的技术》。

1920 年　与亚伯拉罕等六人创建了柏林精神分析研究所，并在此从事培训工作。

1932 年　接受美国芝加哥精神分析研究所所长亚历山大（Franz Alexander）的邀请，赴美担任该所副所长。

1934 年　迁居纽约，在那里创办私人诊所，并为纽约精神分析研究所培训精神分析医生，同时加盟纽约社会研究新学院。在此期间，与著名精神分析家弗洛姆（Erich Fromm）过从甚密。

1937 年　在双方都经历多次婚外情之后，卡伦与奥斯卡·霍尼离婚。

1937 年　出版《我们时代的神经症人格》（*The Neurotic Personality of Our Time*），彻底摒弃了弗洛伊德理论的基本前提，强调以文化和人际关系取向来代替前者的生物决定论取向,主张文化在神经症的冲突与防御形成中所起的作用。

1939年　出版《精神分析新法》(*New Ways in Psychoanalysis*),对弗洛伊德的理论观点进行了全面清算,建立了自己的精神分析新方法。

1941年　因为学术观点的分歧,被迫离开纽约精神分析研究所。

1941年　成立"美国精神分析促进会",并设立"美国精神分析研究所"作为教学机构,同时创办《美国精神分析杂志》并担任主编。

1942年　出版《自我分析》(*Self-Analysis*),把神经症分为情境神经症和性格神经症,认为神经症的性格结构由许多不同的神经症倾向或强迫性驱力构成,并把神经症驱力分为十大类,论述了自我分析的可行性和合理性。

1944年　与"白天支持她对正统精神分析提出挑战,晚上又与她同眠的魔幻帮手"弗洛姆分裂,后者因为"非医学出身分析师"的身份被迫离开美国精神分析促进会。

1945年　出版《我们内心的冲突》(*Our Inner Conflicts*),进一步把神经症驱力概括为三大类型——亲近人、对抗人和回避人,每个人身上都或多或少存在这三种态度,并因此相互产生冲突。书中指出了神经症的冲突和解决的尝试,以及未解决的冲突的后果,并指明了神经症冲突解决的方向。

1950年　出版《神经症与人的成长》(*Neurosis and Human*

Growth），把人的自我分为：真实的自我、理想的自我和现实的自我。她指出，神经症源自于他人关系的失调，最后的结果则是自我的分离和异化。在本书中，她揭示了神经症造成的自我异化，并提出了乐观而积极的实现自我的途径。

1952 年　因肝癌晚期医治无效，病逝于美国纽约，享年 68 岁。在生命的最后一年，她曾到日本访问五周，参观了日本东京附近的禅院，显示了她对禅宗思想的兴趣。

1967 年　克尔曼（Harold Kelman）将其遗作汇编成《女性心理学》（*Feminine Psychology*）一书，汇总了霍尼关于女性心理的研究论文，她被女性主义者重新发现。

参考文献

（美）伯纳德・派里斯著，方永德等译，《一位精神分析家的自我探索》，上海文艺出版社 1997 年版。

葛鲁嘉，陈若莉著，《文化困境与内心挣扎：霍妮的文化心理病理学》，湖北教育出版社 1999 年版。（注：霍妮即霍尼）

译后记　走向心灵的自我慰藉

只要你有足够的勇气，卡伦·霍尼的这本《我们内心的冲突》，足以成为自我分析和自我重构的操作指南。

从 2010 年至今，我在心理咨询这条路上，摸爬滚打已将近十年。遇到过不可逆转的苦厄命运，也遭遇过令我夜不能寐的重患；曾和百感交集的母亲共同面对尚未成年的孩子，也曾最终放手不肯正视内心冲突的老者，心中自有五味杂陈。有三年的时光，我全职从事心理咨询工作，那些和来访者们相互裹挟前行的日子，也是我站在窗口，瞭望人间百态的一段岁月，更是直面那些千疮百孔的心灵的岁月。

虽然，如今成为一名心理学教育工作者，但是，咨询师的角色，以及咨询师的使命，始终还是自己人格的底色。或许，这也是我与自己相处的方式——直面内心的一切，不掩饰、不回避、不自欺。可能，这也是为什么，在翻译卡伦·霍尼这本传世经典著作的过程中，自己也深深地重新自我审视了一番，竟是这样的惊心动魄。

当我们真正从事心理咨询工作之后，就会发现，一个人的改变是多么不容易的事情，一个心灵的治愈和整合，更是一种奢侈。如果没有来访者百分之百的诚意与动力，如果没有咨询师百分之百的倾听与探索，认识自己、成为自己、超越自己，那不过都是冠冕堂皇的口号。而作为咨询师，这样一个有些被动的助人角色，难免会想试图打破这种困境，寻找更便捷、更普及的助人方式。

"授人以鱼不如授人以渔。"当来访者不能如期走入我们的咨询室，或许我们可以把心灵的样子描摹出来，陈放如此，待他们准备好，独自翻阅，也未尝不是一场自我探寻的心灵之旅。那么如今，我们在市面上可以接触到的各种心理课程、各种心理书籍，也就都可以成为咨询师们交予来访者手中的"渔"。只要来访者不是假装沉睡的人，我们都可以期待他们焕然一新的样子。而只要你有足够的勇气，卡伦·霍尼的这本《我们内心的冲突》，足以成为自我分析和自我重构的操作指南。

我将自己定义为一个"受伤的治愈者"。回顾最初，原生家庭中所造成的心理创伤，是自己踏上心理学之路的缘起，如此毅然决然，如此彻底投入。十三年来的学习、工作、成长，至今仍会在梦中与母亲因为个人恋情而争吵，在悲愤中哭醒，在深夜中久久难以平静。有时候，我们的心理创口的确是愈合了，疤痕也不会再隐隐作痛；但是，要完全地整合内心的阴影，不是自我意识足够强大、坚定，就能轻松实现的事情。

而有时候，当我们已被疗愈，我们要做的，可能是继续疗愈身边之人。这时候，你可能是女儿，可能是妻子，可能是母亲。在你的内心，也许你是一个家庭的缝补者，用自己已经结痂的心，去缝合这个家庭中曾被撕裂的种种关系。也许，最终你会失败，那些曾经伤害你的人无法醒来，继续用同样的方式自我伤害。然而，你尝试过、倾听过、陪伴过，这大概是一个疗愈者可以做的全部了，也算不负使命。而回归生活本身，也许是心理治疗的最终意义所在。

我是一个习惯向内看的人。于我而言,在这人世间,没有什么比观照自己的内心更有趣、更有意义的事情。而卡伦·霍尼的这本书,就好像楼梯的扶手,可以让我们在步履踉跄时,扶着它,直抵心灵的深谷。在那里,也许你会重新发现自己,也许你会更好地认识你的来访者,只要你足够坦诚,终将满载而归。

这世间是嘈杂的,然而,其实真正嘈杂的是我们的内心。如若不相信,你可以试着短暂地关闭一切社交通道,与自己相处几日。你定会看见,我们是如何与自己争吵、缠绕、对峙的。但是,我希望这些终会过去,就像潮水退去,最终留下的是一片开阔的沙滩——宁静、平坦。

2020 年 5 月 9 日于南京

我们内心的冲突

扫一扫
用耳朵倾听《我们内心的冲突》